优雅绅士 Ⅲ
外 套

刘瑞璞
万小妹 编著

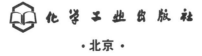

·北京·

外套，是绅士的最后守望者，没有哪一种服装像外套那样能够诠释绅士的特质；能够驾驭外套的人一定是绅士，因为它比任何服装都有更多的高贵基因；懂得开发外套的品牌，一定是奢侈品牌，因为外套具有最隐秘和纯粹的绅士密码。可见优雅绅士的外套规则是不能绕过的。

国际着装规则（THE DRESS CODE）成为国际主流社会的社交规则和奢侈品牌的密码，这与它作为绅士文化发端于英国、发迹于美国、系统化于日本的形成路线有关。本书依照男士国际着装惯例细则展开，逐一探究了当今绅士外套的历史演变、传承的文化价值和彰显的品位，并且进一步对包括柴斯特外套、阿尔斯特外套、波鲁外套、巴尔玛肯外套、堑壕外套、达夫尔外套的经典外套与其他服饰搭配的细则、原因、方法和案例进行了系统分析，从而有效地指导男士如何将外套穿着优雅得体，穿出品位，通过外套独特的绅士语言开启优雅绅士的大门，打造成功的社交形象。本书为建立规范的绅士外套服饰文化、品牌开发及成功人士着装品位提供了有价值、操作性强和有效的指导，这是一本有关外套优雅生活方式和绅士文化的权威教科书。

图书在版编目（CIP）数据

优雅绅士Ⅲ 外套/刘瑞璞，万小妹编著．北京：化学工业出版社，2015.2
ISBN 978-7-122-22627-3

Ⅰ．①优… Ⅱ．①刘… ②万… Ⅲ．①男服—外套—服饰文化—世界 Ⅳ．① TS941.718

中国版本图书馆CIP数据核字（2014）第301674号

责任编辑：李彦芳　　　　　　　　　　　　装帧设计：知天下
责任校对：宋　玮

出版发行：化学工业出版社（北京市东城区青年湖南街13号　邮政编码100011）
印　　装：北京虎彩文化传播有限公司
787mm×1092mm　1/16　印张13　字数300千字　2016年6月北京第1版第1次印刷

购书咨询：010-64518888　　　　　　　　售后服务：010-64518899
网　　址：http://www.cip.com.cn
凡购买本书，如有缺损质量问题，本社销售中心负责调换。

定　　价：68.00元　　　　　　　　　　　　　　　　版权所有　违者必究

序言

外套——绅士最后的守望者

外套的功用是保护穿着者免受寒冷、风尘、雨水的侵袭。而今天保暖设施的完备，交通工具的发达，人们不再惧怕户外不良天气了，外套功用性越来越不明显。"一个男人穿起外套表明他要离开的意图，脱去外套挂在讲究的木质衣架上，表明他已经到达目的地。只有当他放松外套（解开外套纽扣），这是进入房间的行动，而没有脱下则是发出保留（原状）、不信任或优柔寡断的信号"（伯尼汉德在《GENTLEMAN》中外套篇中的一段话）。这种现象几乎在外套生活中时刻发生，然而只有追求品位的人才会有这种体验，与外套有同样功能的防寒服无论如何也不会有这种体验。我们足可以认为，外套的保护功用越来越多地转移成精神关照，它像是在穿着者自身与外界之间拉起的一道心理防线，与高贵的社交之间架起的一座桥梁。

一个有身份的男人，总是穿着几种外套。2008年美国总统奥巴马就职演讲的时候，南非总统曼德拉参加世界杯开幕式的时候，巴勒斯坦领导人阿巴斯到俄罗斯正式访问的时候，甚至1972年美国总统尼克松访华与周总理握手的那一刻，他们都穿着一模一样的柴斯特外套（Chesterfield coat）。当发现自己在志趣上与这个阶层不相投，或有些不合适的行为时，就需要相同的外套来消减不合群的压力，外套的这种作用十分有效。

在世界发达地区，外套在男人的衣橱里扮演的角色并不是真正的实用品，而是必需品，即便在温暖的国度里，男士们也感到需要有外套穿上和脱下。由雨衣演变而来的巴尔玛肯外套，今天更多地采用没有防雨作用的水洗棉布，男人们还是乐此不疲地穿着它。外套暗示了穿着者更多的社交意图，如他是去办公室、去狩猎、去听歌剧、去旅行等，所以，通常男士常穿他心爱的外套，尽管它也许是不实用，但它必须融入他所处的圈子中，否则，他就与绅士风格的优雅表现断绝了关系。因为外套是绅士最后的守望者。

刘瑞璞
2015年12月
于北京服装学院

目录

第一章 外套备忘录 001
　　一、一个会穿外套的人是很讲究的人 002
　　二、迟钝的魅力 003
　　三、掀开外套 300 年的历史 005

第二章 柴斯特外套的优雅是怎样炼成的 020
　　一、初识柴斯特外套 021
　　二、前柴斯特外套 023
　　三、巴宝莉大衣和柴斯特外套的新古典风格 027
　　四、柴斯特外套与柴斯特菲尔德家族 032
　　五、柴斯特外套的成功路径 034

第三章 出行版的阿尔斯特外套家族和波鲁外套经典 043
　　一、具有英国血统的阿尔斯特外套家族 044
　　二、波鲁外套——出行外套的经典 048
　　三、出行外套的礼仪级别与细节提示 054

第四章 全天候外套——巴尔玛肯 061
　　一、承载历史的经典 062
　　二、巴尔玛肯外套构造的密码 067
　　三、巴尔玛肯外套的自由空间 073

第五章 经历战争洗礼的堑壕外套 077

一、堑壕外套与两家古老的英国公司 078
二、巴派和阿派的细节 084
三、堑壕外套的工艺经典 088
四、堑壕外套材质之美与简约之风的社交智慧 091

第六章 达夫尔与休闲外套 094

一、休闲外套情景的准则判断 095
二、达夫尔——休闲外套的经典 097
三、达夫尔外套至善、至美、至用的细节 101
四、四种个性鲜明的休闲外套 104

第七章 得体的外套 113

一、外套面料的理想和社交密约 114
二、外套及其细部之间的等式 119
三、外套的 TPO 定位与搭配方案 125
四、外套选择的技巧 133

参考文献 136

附录一 回归定制品位生活的绅士衣橱 137

附录二 绅士外套定制方案 140

　　一、礼服外套定制——柴斯特菲尔德外套 141

　　二、出行外套定制——波鲁外套 146

　　三、全能外套定制——巴尔玛肯外套 149

　　四、优雅风衣定制——堑壕外套 153

　　五、休闲外套定制——达夫尔和洛登外套 156

附录三 外套定制方案与流程 161

　　一、柴斯特外套定制方案与流程 163

　　二、波鲁外套定制方案与流程 170

　　三、巴尔玛肯外套定制方案与流程 177

　　四、堑壕外套定制方案与流程 184

　　五、洛登外套定制方案与流程 189

　　六、达夫尔外套定制方案与流程 194

后记 201

第一章

外套备忘录

在当今男装世界中有一个很有趣的现状,西装几乎成了大众化的服装,什么阶层、什么职位、什么性格的男人都不拒绝它,只有细微之处见真假绅士。像塔士多(配黑领结的晚礼服)这种很绅士的礼服,土豪、艺人、明星、蓝领穿的机会多了起来,因为他们"太懂得"如何穿它,它是高雅的标签。只有外套还保持着它的纯粹性被绅士们固守着,成为贵族最后的堡垒。只要是适宜的季节、场合,他们一定会选择柴斯特外套、巴尔玛肯外套、堑壕外套、达夫尔外套等这些甚至连名称都不知所终的服装,这其中有什么玄机?

一、一个会穿外套的人是很讲究的人

为什么会有这种现象：在现代男人生活中，只有外套还保留着历史上传承下来的季节性信息，如防雨外套、防风外套、防寒外套等，这与其说是季节性信息不如说是传承历史上的文化印记。正因如此，它才会在上层社会流行、认可后被确立下来，当上层社会接受某种服装时，也就决定了它的历史地位，但这并不对其出身的贫贵有所选择。男装的历史往往是从平民服作为发端，之后被上层社会吸纳、借鉴而确立其地位的，如达夫尔、水手外套、巴尔玛肯、堑壕服等，因为平民服装的功能是最强大的。不过当这种服装进入到上层社会时，必须加入这个阶层的社会语言才能够在主流社会流通。当这种语言成为社会公认的（绅士）标签时，低于这个阶层的人们便着力去模仿而成为潮流。这时绅士们却不愿与此为伍，就有所选择地穿它们，或穿得更加地道，这就是为什么对更加细致的绅士服语言如果没有涉深的体验是找不到感觉的道理。外套最能体现这一点。在社交场有这样一种逻辑，社交形象成功与否要看对国际着装规则（THE DRESS CODE）的把握，而最能够表现出技巧和品位的却是外套。在一般人看来，更注重外套的季节性和防寒性。总之首先考虑的是它的功能性，很少注意它的社交语言，这是它不被流行左右，在上层社会能够原汁原味地保留下来的社会原因。

外套（coat）总是和"讲究"这个词汇联系着，"一个会穿外套的人是个很讲究的人"，这是因为没有任何一种服装比外套传承的历史信息更多，这就是现代绅士为什么固守外套这个最后堡垒的答案。

男装历史从古至今，但凡提到讲究的礼服都以外套著称，如著名的弗瑞克外套（Frock coat）、晨礼服（Morning coat）、燕尾服（tailcoat）等，尽管很多情况不把它们叫作外套（图1-1）。这跟历史上外套代表着贵族的奢华有关，它除了用料多、做工考究、价格昂贵外，

图1-1　弗瑞克外套、晨礼服、燕尾服，历史中称为外套的礼服

还跟一层一层炫耀财富的穿着方式有关,这种传统不加掩饰地传承到了今天,爱丽森·卢莉在1981年出版的《服饰的语言》中就说"大体上,一个人穿的衣服层越多,他或她的社会地位就越高"。可见外套对于多层方式的贵族体验是最直接有效的。作为平民百姓,贵族气的外套既不符合他的经济条件,也不适应他们频繁劳作的生活环境而成为被遗忘的角落,正因如此,外套的绅士语言普及得缓慢而狭窄,这反而是上层社会希望看到的。然而,它们在形制的细节表达上却表现得异常简洁,根本谈不上豪华。

可见,外套如果被社会打上"豪华"的标签,便成为虚荣的追求目标而泛烂,绅士们也不会固守这个最后的堡垒而另起炉灶。不过外套本身的便装化趋势不可避免,表现出越来越本色的气质。值得注意的是,这种回归的本色不仅没有使标志绅士外套的符号消失而变得越加生动,因而虚荣的外壳总会被剥去,露出来的才是真实的历史。今天的柴斯特外套诞生于19世纪中叶,可它的鼻祖还要往前追溯到1816年出现的弗瑞克外套,而今天的柴斯特外套的概念和历史中的任何一个时期却不相同,它维系一个全新的社交伦理,完全可以称它为"新古典主义"。

二、迟钝的魅力

服装的变化是最大的,这一点没有人怀疑。然而对服装品位、高雅、格调之类的评价的时候,却发现今天穿的外套有百分之九十在100年前,甚至更早的时间发生并确立的。今天作为准礼服外套的柴斯特菲尔德出现在19世纪中叶;最受男士推崇的全天候外套巴尔玛肯几乎和柴斯特外套同时登场(1850年);具有公务外套(也称职业外套)之称的堑壕服早在1914年第一次世界大战中就为英军立下了汗马功劳;作为今天出行外套的经典波鲁外套在1916年作为候赛外套出现的;在外套中最具前卫休闲、有"大学校园外套"之称的达夫尔却比任何一种外套出现的都早,大约是文艺复兴的后期(1684年)。它们大多数保留着原创时的样貌,就堑壕外套而言,上层社会的男士们,严格保持当时细节的设计以明证身,就连腰带上挂军用水壶的D型铁环也不被放过,以此表达对历史的敬畏,也是对绅士品质的宣示。今天在年轻人中无论男女都在穿,而且大有引领冬季时装潮流的达夫尔外套,就是第二次世界大战英陆军元帅蒙哥马利那件达夫尔的翻版。

这种迟钝的原因,虽然我们还不可能彻底弄清楚,但有一点是值得探讨的。人们追赶时髦其实多是迫于社会的压力,你要想获得社会的认可(特别是上流社会),就要更多地去做迎合社会却违背内心的事，因此就会出现一种抵消这种社会压力的事项流行，这就是"不受流行影响的流行"（A timeless fashion），这种几乎是"永恒时尚"的理念，用一个最容易操作的词，就是"绅士服"。它为什么能够永恒，解读之后我们会发现，它是以历史为载体的，它是服装中的严肃艺术不是流行艺术；它是服装的基本语言；它是服装设计的解构元素[1]。我们只有将这些元素找到它们的历史坐标才能变得更主动、更合理。

外套变化的迟钝是和男装"崇英"的品质有关，要想解读它们，先要从认识它们的历史入手。值得提醒的是，要想迅速准确地认识这种历史，首先确立"英国崇拜"先入为主的THE DRESS CODE（国际着装规则）文献体系。正因为"英国崇拜"的主流意识带到了美国，导致多元文化的交融而创造出具有冒险意识的美国精神，综合国力的日益壮大便成为必然，但美国人始终不忘"崇英"这个传统，因为美国人最值得炫耀的那点历史，就是"我们有不列颠血统"。美国社会学家保罗·福塞尔在他的《格调》里描绘美国人的社会等级心态中"崇英"意识是贯串始终的，他说"对于渴望向上进取的中产阶级来说（美国的主流社会），伟大的等级图腾是'英格兰母亲'，这是一些将我们与'英格兰母亲'联系在一起的纽带[2]"（图1-2）。美国的壮大加速了"崇英"的社交文化在国际间传播，使国际着装规则（THE DRESS CODE）的确立成为可能，当然也渗透了西方主流社会的价值观，多少带有些"殖民"的味道。不过，"崇英"的内涵，是"尚古"精神（历史、文明、雅士），这是人类睿智、美好的共同愿望。因此，这种绅士的准则与其说是"崇英"不如说是"尚古"，而成为诠释服装严肃艺术的标志。

作为外套来说，这种迟钝的魅力早就呈现在我们的面前了。

图1-2　查尔斯王子的不列颠式军团领带

---

[1] 解构元素，经典服装的每个细节都被视为"设计元素"，"解构"，就是利用这些元素分解开来，再重新构成而产生设计的新概念。因此，时装通常是利用经典服装的"结构元素"完成的。
[2] 这个"纽带"是指"军团式领带"，即将英国米字旗中的红、蓝、白条纹设计在领带上。放扎这种领带有"崇英"的暗示。

三、掀开外套 300 年的历史

最能够解开这种"迟钝"秘密的，就是理性地研究它的历史。在今天频繁使用的外套，无论是哪一种都有 100 多年的历史，这有什么意义？一个社会如果在乎穿出服装历史的人已成为主流社会，这就意味着这是一个成熟的社会、有品位的社会，因为这是中产阶级以上阶层所共有的特征。按照保罗·福塞尔的说法，上层社会所作的每一件事情，是看他是不是拥有足够的历史。"在英国称雄世界的 19 世纪，势利之徒模仿英国时尚当属自然之举。势利之辈如今依然这么做，却并非由于英国的强大，而是其衰弱腐朽"。这很耐人寻味，拥有和陈列英国物品会显示一个人的尚古之情，所以判断准绅士只需要看两个指标，一是看是否有英国血统（产生国），二是看是否有足够的历史，于是苏格兰格呢、雪特兰毛衣、哈里斯花呢外套、巴宝莉风衣、俱乐部式领带（军团式领带）便大行其道。"衣着得体意味着，你应该尽可能让自己看上去像 50 年前 20 世纪初老电影中描绘的英国绅士一样"（保罗·福塞尔）。美国东海岸的常青藤名校是美国上流社会的象征和未来，因为这些贵族们的服装不仅有百年以上的历史，而且他们总在维系着英国品位，其实 200 多年来，英国的气息始终在充斥着美国高等学府的每一个角落。"大学建筑中哥特式风格盛行，高等教育机构越是古雅得地道，就越让人追忆起它们的两位英国先驱（牛津和剑桥）"。这两位英国先驱是身着阿尔伯特大衣（柴斯特外套的传统版）的牛津和剑桥。这便成为上层社会把蕴藉古风外套的忠诚视作自己可以成为这个社会一员的准则，于是"所有那些已经腐朽的、遗弃的、消亡的风格样式，就是我们需要的"（英国批判家彼得·康拉得语），但我们不是"势力之辈"。此时此刻我们忽然萌生了想急切掀开经典外套历史篇章的心情。

研究绅士文化多年的德国作家兼编辑 Bernhard Roetzel（伯恩哈德·罗特兹）曾在他的著作《GENTLEMAN: A Timeless Fashion》（《绅士：永恒的时尚》）中强调"从一个人穿着的外套就可以明确他的着装风格和出行目的，而这种判断是在一位真正绅士衣橱中其他任何类型的服装都不能与之比拟的"。这句话充分说明了外套中的各个元素更加稳定、深厚，内涵丰富却难以解读。当然形成这种品格秘籍的原因是复杂的，但有一点是可以确定的，那就是外套变化的"迟钝"是和绅士文化敬畏传统和"崇英"的社交伦理有关，要想破解它们，先要理性地从认识它们 300 年的历史入手，因为今天经典外套的一切信息都可以从历史中找到答案，见下表。

外套近300年历史流变

年份	外套的演变过程	
1677	以达夫尔（Duffel）命名的一种粗毛面料产生。名称源自比利时安德卫普近郊的达夫尔小镇。这种面料就是后来的麦尔登呢（Melton），后转变成了达夫尔外套（图㉛）的名字。这是有关达夫尔外套信息的最早记录	 ①斯宾赛小外套和燕尾服有亲缘关系，后退出外套变成梅斯礼服
1684	达夫尔外套作为北欧渔民防寒外套登场。进入18世纪它开始向欧洲诸国输出，可谓欧洲防寒粗呢外套的鼻祖，但由于它平民化的出身，没有被主流社会重视，直到第二次世界大战	 燕尾服外套（1819年版）
1789	燕尾服外套出现，当时叫卡特琳（cut-in），1803年成为礼服，1819年成为流行（图①）	
1790	带有披肩的箱型大衣出现，这是最早用箱型称谓的外套（Box coat），20世纪四五十年代流行（图㉟）。斯宾赛小外套出现（Spencer），这是燕尾服、弗瑞克外套的派生品（图①）	 ②弗瑞克大衣19世纪初为外套的弗瑞克时代
1807	厚重面料大衣流行（short great coat），18世纪末到19世纪中叶流行	 由拿破仑领变成戗驳领的弗瑞克外套
1820	弗瑞克风格大衣流行，弗瑞克外套也由拿破仑领变成戗驳领，这意味着，它开始脱离外套变成礼服（图②）	

续表

年份	外套的演变过程	
1828	旅行紧身大衣登场（Traveling great coat）。它的登场说明外套作为独立一个品种的开始，今天的出行外套就是延续了这个传统（图③）。它后来成为1836年后维多利亚时代年青首相本杰明（Benjamin Disraeli）的装束形象，也称本杰明外套	③旅行紧身大衣，也称本杰明外套 本杰明（1804~1881）
1835	水手短外套作为时装推出。此名最初使用是在1721年，叫水手夹克，源自荷兰语，后被英语化。"Pea coat"（水手外套）的Pea有粗呢之意，它和北美的麦基诺外套、哈德孙外套是同一类型不同风格（前者为欧洲风格，后者为美洲风格）（图④、图㉕、图㉚）	
1836	玛克特什外套流行（Mackintosh），它是雨衣外套的传统叫法，1823年伦敦人发明了把橡胶引入布料织造中达到防水作用，由此奠定了后来巴尔玛肯外套和堑壕外套的构造基础	④水手短外套
1838	一种没有腰缝的紧身外套流行，打破了以弗瑞克外套有腰缝结构一统天下的格局。这种叫帕洛特（Palctot）的外套收腰精致，后来的柴斯特外套的前身就延续了这种造型风格（图⑤）。这是典型的19世纪德奥赛风格，德奥赛伯爵是当时时髦男士的领袖	⑤无腰缝紧身外套

续表

年份	外套的演变过程	
1840	柴斯特外套登场（Chesterfield coat）。款式有单排扣、双排扣，翻领部分配有黑色天鹅绒是最大特点，这在1850年之后才流行起来（图⑥）。它的名称源于18世纪英国伯爵柴斯特菲尔德四世，到了19世纪柴斯特菲尔德五世与当时名绅德奥赛是挚友，使柴斯特外套成为永久性的绅士外套（图⑦）	⑥柴斯特外套初期状态（1840） ⑦柴斯特外套1850年代定型（见图⑫）
1843	无腰缝短外套流行，类似1930年流行的箱型短外套	
1850	弗瑞克外套流行。最早出现在1816年，1870年之后升格为日间正式礼服，1920年退出由晨礼服取代。它对外套历史影响很大，但始终没有成为正式外套（图⑧）。斯宾赛小外套流行。1889年演变成住印度英陆军晚宴服梅斯（Mess），至今这种礼服仍很活跃（图⑨）	⑧日间正式礼服的弗瑞克外套 ⑨由斯宾塞小外套演变成的梅斯晚礼服（1850）见图①
1857	无袖披风登场（Raglan cape），起初是以粗呢面料为主，后被雨衣外套借鉴成为巴尔玛肯外套的前身（图⑩）	
1858	巴尔玛肯外套登场（Balmacaan）。名称源于伦敦近郊巴尼斯小镇，1850年为当时男士穿的一种插肩袖箱式雨衣。在形制上和无袖披肩大衣有亲缘关系（图⑩）。由于奥德赛风格和柴斯特外套这些贵族风尚的影响而成为经典休闲外套的典型，今天成为成功人士最通用的全天候外套	⑩巴尔玛肯外套由箱式插肩型披肩外套演变而来　巴尔玛肯外套在第二次世界大战期间完全定型的面貌

续表

年份	外套的演变过程	
1859	以短披风代替袖子呈双层结构的披肩大衣流行（Invernss），成为19世纪男士的风尚，名称源自苏格兰地名，苏格兰粗呢成为它的主要面料风格（图⑪）。可以说现代风雨衣外套是在披肩外套基础上脱胎而来	⑪披肩大衣是今天巴尔玛肯外套和堑壕外套的鼻祖
1863	柴斯特外套大流行（图⑫）	
1868	这个时期在上流社会外套普遍配黑色天鹅绒翻领成为时尚，它的主要功能是舒适高贵，包括弗瑞克外套、阿尔伯特大衣，这是配天鹅绒翻领的柴斯特外套的别称成为这个时期广泛流行的标志性特色（见图⑫）	⑫黑色天鹅绒翻领双排扣柴斯特外套成为19世纪中期绅士的标志性一直影响到今天
1869	阿尔斯特大衣登场（Ulster）。它是今天出行外套的原始状态（图⑬）。大翻领双排八粒扣为定型时特点，阿尔斯特领确立。它对后来出现的波鲁外套和不列颠外套有很大影响（图㉓、图㉖、图㉜）。因采用爱尔兰北部阿尔斯特地区毛织物而得名，由此确定了阿尔斯特领的经典范示（图⑭）	⑬阿尔斯特防寒大衣（1869）
1876	都市化阿尔斯特外套流行，比传统的开领低，纽扣减少，这种式样就是后来的近卫官外套（见图㉖）	⑭阿尔斯特外套领表现为翻领和驳领角大小相等，后来大翻领的设计就是以此为基础作不同比例的改变

续表

年份	外套的演变过程
1877	有披肩的暗门襟大衣流行,也称阿尔伯特披肩大衣,它是在巴尔玛肯外套的基础上加上披肩组合而成(见图⑩)
1881	卡巴特外套出现(Covert coat),类似柴斯特箱式短外套,1930年流行。可以说它是柴斯特外套家族中休闲版的确立,这种外套今天很有市场(图⑮)
1884	披肩外套普及(见图⑩)
1888	托马斯·巴宝莉(Burberry)首创无橡胶防水布——华达呢,为现代风雨外套的形成奠定了基础
1890	柴斯特外套全盛期 洛登缩绒射猎外套出现(Loden shooting coat),20世纪初欧美大流行,1960年代再度复活(图⑯)
1892	阿尔斯特外套被确立为出行大衣。 宽肩外套流行
1897	低开领阿尔斯特外套流行(见图㉖)

⑮ 箱式短外套亦称卡巴特外套。今天柴斯特外套的休闲版就采用箱式,有长款也有短款

⑯ 洛登外套的特点是采用墨绿色洛登缩绒,肩和下摆有三到四道装饰缝

续表

年份	外套的演变过程	
1900	斯力卡尔外套登场（Slicker），这是用一种有光泽的防水胶布制成的雨衣外套，产生于美国，名称从甲板雨衣而来，可以说是美国版的巴尔玛肯外套，被英国船务词典收录，在美国称黄色斯卡尔，这跟最初用土黄色胶布有关。从它出现到20世纪20年代一直流行。它在外套中是唯一采用立领形式，并设有领襻，穿绳和金属卡扣是它独一无二的设计元素。这种形制被后来的防雨工装夹克、旅游服广泛使用（图⑰）。今天斯力卡尔外套的传统样式难得一见了，但闪光防水面料仍在普遍使用。历史中英版的巴尔玛肯从粗呢披肩外套演变成雨衣外套，标准色也是土黄色，与这种面料的加入不无关系，由于它简洁的外观比斯力卡尔更被关注春秋两用风衣外套开始流行	⑰ 斯力卡尔外套和斯力卡尔领（1900） ⑱ 剪绒短外套亦称牧场外套、运动外套（1903）
1903	剪绒绵羊毛短外套（Shearing coat）作为时装登场，最早作为牧场外套，后来在美国由于敞篷轿车的流行一时成为年轻人的飙车夹克（图⑱⑲）。因短小保暖，派生出很多相同风格的运动外套，如冬季竞技观战外套等	⑲运动（观战）外套剪绒短外套派生

年份	外套的演变过程	
1907	柴斯特作为礼服外套、阿尔斯特作为防寒出行外套、巴尔玛肯作为风雨外套成为主流，奠定了现代外套的基本格局，这时多以长大衣盛行（图⑳）	 ⑳ 超长柴斯特外套流行
1910	防雨外套崇尚土黄色，在英国骑马外套中流行，土黄色便成为巴尔玛肯外套的标准色	
1914	由巴宝莉和阿库阿斯公司正式推出堑壕外套，它是在巴尔玛肯雨衣外套基础上增加了野战仿生功能设计的（Trench coat）而成为里程碑式的经典外套（图㉑）	 ㉑ 堑壕外套，我国俗称风衣，它是现代仿生学外套的集大成者。因此，以保持第二次世界大战时期的元素已成为这种外套的绅士标志
1915 1916	皮毛外套出现，常用毛皮有水貂、浣熊、狐狸等。这种有伤害野生动物和奢华无度之嫌的外套，因绅士们并不喜欢而失去了历史地位（图㉒） 候赛外套出现（Wait coat）。它是波鲁外套（Polo 马球外套）的前身，是指古时马球竞技者等候比赛时穿的一种防寒外套（图㉓）。1873 年登场，1890 年普遍采用驼毛面料，驼色便成为它的标准色。作为波鲁外套名称立足在美国，是 1910 年由著名的布鲁克斯兄弟公司（著名绅士店）首先使用而普及，它是今天仍活跃在绅士出行外套的经典	 ㉒ 皮毛外套，也称青果领毛皮大衣  ㉓ 候赛外套是波鲁外套之前的称谓。双排扣戗驳领、翻袖口的包袖、复合贴口袋、后腰带是它的标志性元素

续表

年份	外套的演变过程	
1920	开始流行一种春秋穿的西班牙短外套（Spring coat）（图㉔）。最早是观战用的运动外套（Goal coat）（见图⑲）。用针织螺纹制成的护耳领，被称为西班牙领，棉织的各种灯芯绒作为主要面料。 同时 20 年代一种叫作麦基诺厚呢短外套在美国流行（Mackinaws）。它是从 1780 年北美印第安贯头毛毯披风发展而来，1870 年代加拿大五大湖周边的白人开拓者（林业者、渔业者、探矿者、狩猎者）通过整理，主要根据水手外套的构造（见图④）创造出的，不同的是它用当地的格子粗呢（毯）制作，腰间系腰带。1890 年作为时装登场，1920 年代流行（图㉕）	㉔西班牙短外套，也称西班牙罗纹领外套 由西班牙外套派生的一种观战外套 ㉕麦基诺厚呢短外套外套（1920）
1923	土黄色巴尔玛肯外套流行	
1924	波鲁外套流行（见图㉓） 近卫官外套流行（Guards coat，图㉖） 由英国近卫步兵第一连将校用大衣而得名，看得出它是由阿尔斯特外套发展而来，后背有通体的活褶	㉖近卫官外套是在阿尔斯特外套基础上加深开领完成的

续表

年份	外套的演变过程	
1925	浣熊剪毛大衣流行，也是青果领毛皮大衣的总称（见图㉒）。毛长呈灰色后背有深色条纹，常保持自然色泽，盛产于加拿大和墨西哥，一般流行在有钱且轻薄的人群中，30年代和50年代复活，常采用剪毛染色的仿制毛皮。它过于奢华的风格在男装朴素的主流中昙花一现	
1928	堑壕外套从军服进入民间在社会中流行	
1930	卡巴特外套复活，它是柴斯特风格的箱式短外套（见图⑮），它对第二次世界大战以后四五十年代流行的箱型大衣影响很大（见图㉟）	
1932	秋冬两用的巴尔玛肯外套出现（Reversible balmacaan），此构造在50年代更加成熟而成为当代巴尔玛肯外套的奢侈品 同时，缅襟（无扣）束腰带泰洛肯大衣流行（Tielocken coat），它是用巴宝莉大衣呢（精纺呢绒）制造，也是当时巴宝莉公司推出的新风衣外套产品，今天这种外套在职业女性中更受关注（图㉗）	㉗ 泰洛肯大衣风格可以看出历史中披肩大衣和阿尔斯特外套的影子

续表

年份	外套的演变过程	
1936	威尔士插肩外套流行（Prince of Wales raglan coat）。苏格兰格呢、戗驳领单排扣宽下摆是它的特点，基本是柴斯特领型和巴尔玛肯衣袖组合的产物。1934年英皇太子即后来的温莎公爵喜欢此外套，由此派生了和他相关的名称，如温莎（插肩）袖、温莎大衣、温莎格子等。由于它反叛的传奇和个人风格，这种外套并没有流行起来，但在社交界仍被视为充满贵族血统和高雅品质的外套（图㉘）	㉘ 威尔士插肩外套，亦称温沙格子外套（1936）
1937	洛登外套大流行，到20世纪60年代后期复活（见图⑯）	㉙ 束腰式防雨外套，亦称简装堑壕外套（1938）
1938	束腰防雨外套流行，基本是泰洛肯大衣样式（见图㉗），腰带设计受堑壕外套影响，有简装堑壕外套说法（图㉙）。哈得逊外套登场（Hudsanbay coat），这种外套和1920年流行的麦基诺外套有亲缘关系，它们都产生于加拿大白人开拓者，都有水手外套的基本构造，面料都用毛毯，不用的是哈得孙外套用本白色毛毯，故它之前叫白毛毯外套（White blanket coat），本称谓是1938年后开始的。它的最大特点在衣摆和袖口处有2~3种配色，通常以红、黄、绿为典型。由于它远离英国主流社会而不被社交界重视（图㉚）	㉚ 哈得逊外套（1938）

续表

年份	外套的演变过程	
1940	英国可以说是历经100多年外套的大比拼，成为主流外套表演的大舞台，奠定了现代上层社会和国际社交外套的基本格局。这意味着进入了这个舞台就打上了英国的烙印，它的命运或许由此改变。沉寂了两个半多世纪的达夫尔外套在第二次世界大战中由于包括蒙哥马利将军在内的英国人的使用而复活并奠定了它经典休闲装的地位（图㉛） 不列颠外套（British Warmer）成为英国高级军官和贵族的标志，它的形制也属阿尔斯特外套家族，但外形更加简洁高贵（图㉜） 在民间流行苏格兰格呢外套，这是由威尔士格子外套派生而来（图㉝） 传统的柴斯特外套、波鲁外套、巴尔玛肯外套继续流行。堑壕外套继续成为野战用外套（见图㉑）	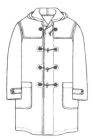 ㉛ 达夫尔外套的风帽、麻绳套环木扣、大过肩、大贴袋的标志性元素，在第二次世界大战中被英国人定格  ㉜ 不列颠外套的标准色是瓦灰色，独树一帜  ㉝ 苏格兰格呢外套是威尔士外套的复活，但已变成风衣外套
1941	不列颠大衣流行，这是当时丘吉尔爱穿的一种外套，他和罗斯福、斯大林三巨头会面时的着装（见图㉜）	
1942	轻便装外套开始流行（Surcoat），即前中用拉链，腰间系腰带的短外套，其他细节有巴尔玛肯外套的痕迹。20世纪40年代到50年代流行，有工装外套的特点（图㉞）	 ㉞ 轻便的工装外套（1942）

续表

年份	外套的演变过程
1949	箱型大衣开始流行（Box coat）并成为现代外套廓形的主流（图㉟） 双排扣柴斯特外套流行（图㊱）
1950	绢织华达呢薄型风衣外套流行
1953	达夫尔外套受重视，用洛登呢、麦尔登呢制作的厚呢达夫尔外套成为休闲外套的典范（见图㉛）
1954	全天候外套出现（All weather）。它是在巴尔玛肯外套基础上加了可拆卸的毛呢内袒，使其有冬季外套功能，而成为当代全天候巴尔玛肯外套的基本构造（见图⑩）
1957	泰洛肯大衣复活（见图㉗）
1959	欧洲大陆风格春秋外套流行（Continentel Topcoat）。它基本继承了卡巴特箱式短外套风格（图㊲）
1960	波鲁外套（见图㉓）、不列颠大衣复活（见图㉜）
1961	在美国出现一种运动外套，本来它是预备运动员穿的替换外套（Bench warmer），有兜帽，前襟是拉链和明门襟复合设计，面料用麦尔登呢，外套休闲化趋势向美国转移（图㊳）
1967	超长外套流行直到1970年（图㊴）
1970	过多装饰（dressy）的外套消失，简约风开始
1983	20世纪三四十年代经典外套复活（Vintage Overcoat），在年轻人中出现怀旧、崇英之风，大衣喜用厚重的苏格兰呢和衬里

㉟ 箱型大衣的流行标志着现代风格到来

㊱ 双排扣柴斯特外套完全确立了礼服外套的地位

㊲ 欧洲大陆风格春秋外套（1959）

㊳ 美国风格运动外套（1961）

㊴ 超长外套是1907年超长外套的复活，但休闲化功能化趋势已不可阻挡

从外套上下 300 年的历史演化过程中发现一个现象，但凡在英国本土诞生的外套几乎都被保留了下来，如柴斯特外套、巴尔玛肯外套、阿尔斯特外套、波鲁外套、堑壕外套等。不在英国本土诞生，但被国际社交界接受的最后也都被英国化了，如达夫尔外套。没有被保留下来或不具有国际社会主流的外套，大都不是产自英国，如斯力克雨衣外套产生于美国，麦基诺和哈得逊外套都源自加拿大，洛登外套是奥地利风格。这中间有两个值得继续研究的重要原因，第一，英国是世界公认盛产绅士的国度；第二，实用是英国文化的传统和精华。当今国际社交界经典外套的基本格局仍选择了英国，这不是偶然的，对外套个案的深入研究，会发现对英国绅士的表象和他们的务实精神如何想象都不过分。

从外套上下 300 年的历史演化过程中发现，从 19 世纪初到 20 世纪初 100 年的时间，外套经历社会动荡、战争、变革的适者生存阶段，在 20 世纪 30 年代形成现代绅士外套的基本格局，至今也没有发生根本改变。前提是外套从诞生之初到现在始终未改变它的功能及实用初衷，"室内和室外一种换装的功能道具"。功能条件是"迟钝"坚实的物质基础，它的"不变"便升华为绅士社交文化的信任、可靠和务实精神（图 1-3）。

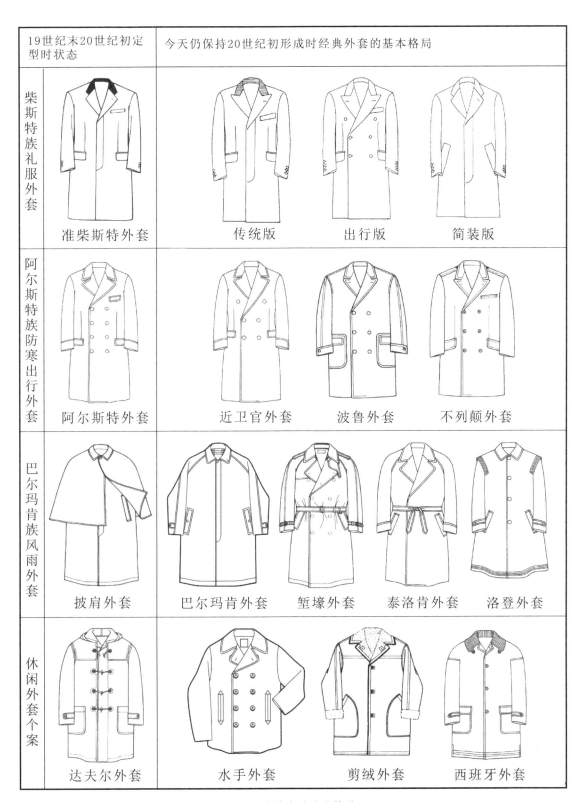

图 1-3 现代绅士外套的格局

第二章

柴斯特外套的优雅是怎样炼成的

改革开放以来我国的时尚界、社交界,包括主流社会对"柴斯特菲尔德外套"(chesterfield coat)的认识知之甚少,包括它是什么款式、用什么面料和颜色、干什么穿、如何搭配等。其实,这种今天非常国际化的外套,在我国 20 世纪二三十年代的上层社会的穿用就非常成熟了,柴斯特外套的构造之地道,品种之完备,是令今天的国际社交界也得刮目相看的。当时著名的京剧大师梅兰芳先生穿的双排扣柴斯特外套无论是从款式的每一个细节到颜色、质料都无可挑剔(图 2-1)。

(1)左下角是配天鹅绒领的柴斯特;下方中间和右下角是标准版柴斯特;浮雕右边是双排扣柴斯特
(2)图中为京剧大师梅兰芳穿着典型的双排扣戗驳领柴斯特外套
(3)20 世纪 30 年代穿柴斯特外套的中国绅士

图 2-1　柴斯特外套在我国 20 世纪二三十年代上层社会普遍穿用

一、初识柴斯特外套

在经典外套这个大家族中，只有柴斯特外套有"爵位"。因此，它在国际社交界历来是"至上""雅典""高贵"的代名词。它的标准色是接近黑的深蓝色，它的构造元素几乎成了体现绅士的"标准件"，这是后面要——解读的。常常我们在服装上追求的却是柴斯特外套所摈弃的。把衣里、袖里做成红色，卷起袖子露出红色袖里和手表"相映成趣"，里襟上还绣着"VAN"（先锋、前卫之意），在柴斯特菲尔德风格看来这是大错特错，因为这是不成熟的表现，或许成为缺乏修养的笑柄。这是我们初识柴斯特外套经常犯的错误。

（一）柴斯特外套的"经典配置"

正统的柴斯特外套是在塔士多礼服（Tuxed Suit 正式晚礼服）外面穿的，翻领部分配黑色天鹅绒是古典风格的暗示（保留贵族血统的标志）、前中搭门用暗门襟、两侧有加装袋盖的口袋、左胸部有手巾袋、腰部有收省、后中缝收腰且设开衩，这些细节是不能出错的（图2-2）。如此程式化的元素是实用、是规范，还是象征，需要做深入的考证。

图2-2 柴斯特外套晚礼服的黄金组合

从礼仪的习惯来看，柴斯特外套虽说最适宜的配服是塔士多礼服，但并不像塔士多礼服那样只能在晚间的正式场合（如正式晚宴、观剧等）使用，也可用在白天的正式场合，当然和白天的正式礼服董事套装（Director Suit）搭配使用是很得体的，与黑色套装（Black Suit 全天候礼服）、西服套装（Suit 上下成套配搭的西装）组合也没有任何禁忌。这说明它相对礼服使用的范围更加宽泛，是没有昼夜区分的全天候礼服外套，是正式场合外套的首选，它构成的全部元素就是最高礼仪的标志，它的这些品格是其他外套中不具备的社交级别（图2-3）。

图2-3 柴斯特外套日间礼服的黄金组合

（二）从防雨功能到简约精神——柴斯特外套的不变之谜

给柴斯特外套下个定义是困难的。单从造型的角度定义是不够的，它有穿着的场合（气氛）问题，有穿着人的职业、地位、性格问题，还有搭配的技巧问题。只有全面地考察这些关系才有可能判断的准确。它至少经历了一个半世纪的历史，这期间甚至它的每一个构造都有一个不寻常的故事，它们经历了不知多少次修正、改良、完善与技术革新，最终成为男士的经典、博雅之范。例如暗门襟（FLY FRONR）是柴斯特外套的标志性元素，尽管它的构造在外形上并没有发生根本的改变，而它的涵义早已在世代的磨砺中变更了。

主流的理论认为，柴斯特外套在历史上继承了雨衣外套的传统，换句话说，它某些细节的形制和防雨功能有关，如暗门襟、加装袋盖的口袋等。然而，这些元素保存到最后却丧失了它的功能，因为最后它并没有成为雨衣外套而是变成礼服外套，这些原属功能的元素有过一次升华的过程而成为至雅绅士的标志，如暗门襟使纽扣隐蔽，使外观更显简洁。外套为了保暖而使用双排扣、饿驳领，为简化而变成单排扣、平翻领。明门襟变成暗门襟（其实是为了防雨水从扣眼进入而设计），与其说这是当时（19世纪末20世纪初）英国贵族所追求的精粹典雅风格的集中表现，不如说是实用的英国人把外套更加细化的结果（防寒、防雨、防风等功能细化使外套变得讲究起来），这在今天的设计理念上也是难能可贵的。他们认为，功能的最大实现，使简洁的形式达到了极致。就柴斯特外套而言，最重要是它整体上收腰细身的造型，使前身变窄，把双排扣变成单排扣，明门襟变成暗门襟这些妥协的方案，使前身并不显窄。另一种推测是这样的，明扣这种开放式的门襟，其功能暴露的直截了当，这不符合绅士礼服"抑耻"和"收敛"的品格。因此，隐羞耻、抑张扬便成为代表正统外套的王者之样，今天这种收敛元素的多少正是判断外套格调和品质的重要指标。看在防寒外套中，柴斯特外套比阿尔斯特外套级别要高、阿尔斯特外套比波鲁外套级别要高、波鲁外套比达夫尔外套级别要高（指礼仪的级别）。在风雨外套中巴尔玛肯外套总是比堑壕外套级别要高。无论是防寒还是风雨外套，它们有一个共同的特点，就是级别越高的外观越简洁，级别越低的外观越花哨（参见表1-1）。

耐人寻味的是，平驳领暗门襟、两侧加有袋盖的口袋、右胸右手巾袋、装袖等，这些视为标准柴斯特外套的元素在19世纪末被确立，直到今天几乎没有任何改变，它的稳定性完全不亚于西装。20世纪40年代英国首相丘吉尔穿的标准柴斯特外套，在20世纪初作为贵族标志性礼服外套就开始了，历史走过了30年，没有发生改变。又30年之后，打开中美往来之门的美国总统尼克松，在下飞机和周恩来总理握手的历史时刻（1972年2月21日）穿的也是标准柴斯特外套只是选择了深灰色。又过了30年（2002年2月21日）美国总统布什重温这一刻时穿的仍是标准柴斯特外套，甚至连颜色都跟60年前丘吉尔所穿着的相同。2008年冬新任美国总统奥巴马在国会山就职演讲时穿的仍是准柴斯特外套（图2-4）。柴斯特外套从19世纪末到今天1个多世纪了，造型如此的稳固是个谜，它的这种魅力实在让那些成功的绅士们无法阻挡。这不禁使我们想起男士们遵循的一句格言——成功的装束是看他承载了多少历史。

1940

2002

2008

图2-4　丘吉尔、布什和奥巴马的柴斯特外套的不变之谜

二、前柴斯特外套

柴斯特外套大约出现在1840年以后，它的全称是柴斯特菲尔德外套（Chesterfield coat），当时从名称、构造到用途和今天完全不同，名称和构造是尚未确定的，用途是以常服出现的。因此，按照男装一般的演变规律，今天的礼服往往是历史中的常服，柴斯特外套的演变规律尤为突出。按照这个逻辑和时间顺序，单排扣暗门襟平驳领柴斯特外套的鼻祖应该是披肩大衣，双排扣戗驳领柴斯特外套的演变与弗瑞克外套有关。

（一）弗瑞克与双排扣柴斯特外套

通常情况一提到柴斯特外套，就是指它的标准版，即单排扣暗门襟平驳领，其实它还有一种双排扣戗驳领的出行版，后来在演变过程当中，在标准版的基础上加入了出行版的戗驳领款式，产生了传统版，由此形成了柴斯特外套三足鼎立的格局，至今没有改变（图2-5）。可见柴斯特外套的标准版和出行版更接近历史的真实形态，而且出行版在先，标准版在后。从外套的保暖功能来讲，双排扣总是比单排产生的时间要早,换句话说,单排扣外套总是受双排扣外套的影响。从时间上看也证明了这一点,作为典型双排扣外套的燕尾服在1789年法国大革命时期就诞生了,弗瑞克外套在19世纪初相继出现,19世纪20年代弗瑞克风格的大衣流行。其实它们的构成几乎完全一样,燕尾服只是因为骑马的原因,是在弗瑞克外套的基础上挖掉前摆部分,使腿在骑马时没有阻挡。作为单排扣的旅行紧身大衣是在1828年登场的,时间晚了将近40年。值得注意的是,单排扣受双排扣影响的概率更多一些,但并不意味着单排扣外套的产生会完全取代双排扣,只是满足不同的功能而已。双排扣外套的防寒性要优于单排扣,单排扣外套的方便性要优于双排扣,因此旅行外套、雨衣外套常用单排扣。从社交的意义上讲,多样性总是比单一性有更好的表现。由此可见,双排扣柴斯特外套是沿着燕尾服、弗瑞克外套的演化路线发展到今天的,今天的双排扣柴斯特外套仍能看出它们的影子。

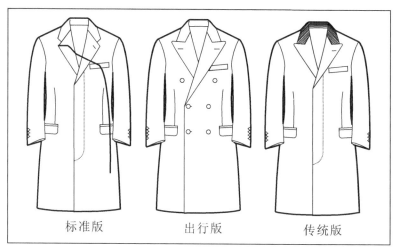

图 2-5　标准版、出行版和传统版柴斯特外套

　　柴斯特外套诞生的19世纪中叶,绅士服是以燕尾服和弗瑞克外套为主导的,柴斯特外套也仅仅是个名称(柴斯特菲尔德家族成为贵族的时尚),它的形制完全有可能是"弗瑞克式"的。弗瑞克外套驳领上充覆着羽织面料,大体的设计是双排扣、过膝长度、两侧有袋盖的口袋、卡夫①,腰部有断缝。整体上表现了维多利亚时期的风格。这些元素几乎都在双排扣柴斯特外套发展历史中出现过,有的被保留到今天,有的成为设计师可借鉴的传统要素,有的被岁月过滤掉了,正是各种各样的细节散落在这样那样的外套中,随着时代变换着它们的表现方式,造就了柴斯特外套在一个长期多元条件筛选和锤炼中走到今天并且成为外套中的经典(图2-6)。

---

①袖口翻折上去的卷边袖为卡夫,这种形制在外套最早出现时就有,它的主要功能是防寒,今天在外套中偶尔看到它表达一种怀旧和对传统文化的记忆。

(1) 1810～1820年弗瑞克外套诞生前大衣的形制
(2) 1878年的弗瑞克外套已经定型，它诞生于1816年
(3) 当代双排扣柴斯特外套有弗瑞克外套的影子

图 2-6　弗瑞克外套和双排扣柴斯特外套的传承关系

（二）从披肩大衣、帕洛特到单排扣柴斯特外套

一般来说，弗瑞克外套和燕尾服不是真正意义上的外套，在古代凡是长的衣服都认为是比较讲究的，称作外套（coat），有礼服的暗示，今天的燕尾服和晨礼服仍称作"外套"。短的视为便服，称夹克（jacket），有休闲服之意。因此，弗瑞克外套成为后来的正式日间礼服，燕尾服则是正式晚礼服（19世纪中后期），这就是为什么只能在礼服历史中见到它们，而在外套历史中它们并没有地位的原因。但是，这并不排除它们对外套的影响，本来在古代"外套"和"大衣"就没有严格的分别，何况弗瑞克外套和燕尾服又是19世纪中叶主流和正统的装束，当然它们也一定会在这个时期对作为正式的柴斯特外套的形成施加影响，双排扣柴斯特外套正是由此脱胎出来的。

作为单排扣暗门襟的标准柴斯特外套却走了另一条路。这里必须提及的是1828年登场的披肩式旅行紧身大衣和10年后流行的一种没有腰缝的帕洛特外套。据历史记载，披肩式紧身大衣后来成为维多利亚时代（1836年以后）年轻首相本杰明喜爱的大衣，被称为本杰明外套。没有腰缝的紧身外套实际打破了维多利亚时代外套裁剪都有腰缝的格局①，这种款式被当时男士时尚领袖德奥赛伯爵的推崇而成为19世纪德奥赛风格。值得注意的是这两种外套都是单排扣、两侧有袋盖的口袋、无腰缝裁剪的实现，开始

---

①传统有腰缝的裁缝，可以满足大衣下摆增大的需要，出现无腰缝的外套意味着窄摆外套的开始，这也是近代到当代男装外套的特征。

了从大下摆外套向小下摆外套的转变，这些都是标准柴斯特外套的基本特征。因此，称这个时期为"前柴斯特时期"。

披肩和单排扣有什么必然联系呢？19世纪中叶之前流行的披肩外套都是单排扣，据文献记载这和防雨和驾车有关，披肩的功能类似于我国古代的蓑衣，披肩的防雨功能是不言而喻的，雨天不会出现在冬季，双排扣就没有必要了。同时，单排扣更适合驭者手握缰绳出入自如。于是披肩便成为爱驾马车英国人的外套传统，而且披肩变得越来越长，以披风代替袖子的长外套成了19世纪中后期的男装时尚，最具代表性的就是阿尔勃特披肩大衣（英王子命名）。这无形中给单排扣外套确立了它的贵族地位，正因如此单排扣柴斯特外套并不比双排扣级别低，进而成为名副其实的礼服外套。披肩外套发展演变的一条路线走进了柴斯特礼服外套；另一条路线变成了真正雨衣外套，它们都借用了披肩外套的同一种元素（如暗门襟）但诠释的内涵不同，前者是高贵的风格，后者是良好的功效。

（三）使准柴斯特外套定型的卡巴特

现代意义上的标准柴斯特外套，是因为一种叫卡巴特（Covert）短外套的加入定型的。它最早出现在1881年，是骑马射击时穿的短外套，原来它是马场主在管理马场时穿着的外套，为了活动方便、防雨，形成了单排扣暗门襟小翻领的样式，衣长较短的箱型结构（后来的H型短外套），这种良好的功能，对最终柴斯特外套的形成起了关键性的作用。当披风外套的披肩感到累赘的时候，就会产生去掉的念头，这时外套自身的功能就需要加强，这就是柴斯特外套暗门襟产生的基础。"卡巴特外套据考证是用在马事上这是实际情况，但现实使它变成绅士逛街用的柴斯特外套，说明实用的外套是受欢迎的。"[①]

这在风格上变得简洁，但缺少贵族气，于是帕洛特简练而精致的裁剪，且有弗瑞克风格的天鹅绒配领，把一个真实的柴斯特外套缔造了出来，而它的另一条线仍保持着雨衣的原有功能演变成今天的巴尔玛肯外套，可见柴斯特外套和巴尔玛肯外套的暗门襟有亲缘关系。它一开始就以披肩外套良好的功用形态奠定了柴斯特外套简洁而高贵的格调，并成为一个崭新贵族阶层的标志性绅士符号。因此，它不仅在英国本土盛行，在整个欧洲和美国也成了上层社会的标签。卡巴特外套既便在今天也没有淡出历史，它保持着定型时的抽象摆缘绗缝元素（洛登狩猎外套风格），被发现为柴斯特外套的休闲风格。这或许是柴斯特外套深隐的贵族密码（图2-7）。

---

① 1890年《舵手和快艇》男装杂志的记载。

图 2-7　从披肩外套到柴斯特外套和巴尔玛肯外套的两个路径

三、巴宝莉大衣和柴斯特外套的新古典风格

　　进入 20 世纪之后，柴斯特外套经过 19 世纪一次次的各种形式的登场和改造，终于以两种基本样式固定了下来，时至今日仍作为礼服外套的主导影响着男人社会。随着欧洲工业革命的完成，商品化社会使服装成为真正意义上的大工业化产品而广泛流通，而且出现了以开发专营男士外套为主的大公司。1888 年由托马斯·巴宝莉首创的一系列防雨型大衣面料，使柴斯特外套更具现代品质，由此，巴宝莉大衣（Burberry Coat）成为 20 世纪初柴斯特外套的主要风格，款式上受当时流行的阿尔斯特防寒大衣和巴尔玛肯雨衣外套的影响表现出多元化的特征。为新古典风格的形成创造了条件。新古典风格是以摆脱"维多利亚结构"为特征的，就柴斯特外套而言，就是要摆脱弗瑞克外套形成的"三缝结构"为典型的现代结构体系，这个过程的推手就是巴宝莉品牌。

（一）柴斯特外套的巴宝莉时代

从 20 世纪初到今天，巴宝莉都是一个响当当的品牌，巴宝莉公司是以研发防雨面料及其制品著称的公司，它在第一次世界大战中创造的传奇故事，为近现代外套的确立和发展做出了重大贡献。20 世纪初巴宝莉公司推出的柴斯特外套产品在今天看来仍显时尚，但这种时尚总是行走在实用的轨道上，这是巴宝莉不变的风格。这个时期受卡巴特外套的影响，箱式柴斯特大衣作为公务外套大为流行，当然，单排扣暗门襟平驳领和两侧加有袋盖的口袋，这些柴斯特外套的"标准件"，作为这样的专业公司是不会忽视的（图 2-8）。

和巴宝莉公司齐名的阿库阿斯公司（AQUASCUTUM）在 1910 年推出了用于逛街和晚会兼备的柴斯特外套。它虽然也是单排扣暗门襟平驳领，但它的插肩袖、斜插袋和宽下摆更像雨衣外套巴尔玛肯，可见，当时柴斯特外套还没有完全摆脱雨衣外套影响而成为独立的礼服外套，基本表现出多元化特征，只是巴宝莉有意打造柴斯特为礼服外套的意图，而阿库阿斯仍然坚守其休闲路线（图 2-9）。然而，作为日间的正式礼服弗瑞克外套还没有退出历史舞台，柴斯特就不太可能成为真正的礼服外套。不过弗瑞克外套最终要退出历史舞台，巴宝莉公司敏锐的判断促使它从来没有放弃过对礼服外套的探索和推介工作。1928 年，巴宝莉公司推出了一系列古典风格的双排扣柴斯特外套，其中有标准版的双排扣戗驳领，还有加入阿尔斯特大衣领和流行元素的风格，但无论怎样变化，它们的贵族身份和气质永存，这是巴宝莉一贯的追求，使它的外套制品 100 多年来充满了活力，从当时巴宝莉大衣广告画的细致解读可以认识它对传统把握的高明之处（图 2-10）。

图 2-8　巴宝莉公司 20 世纪初推出的单排扣暗门襟箱式柴斯特大衣

图 2-9　1910 年阿库阿斯公司推出的休闲版柴斯特外套

图 2-10　1928 年巴宝莉大衣的外套，凸显出行版柴斯特外套特点

广告画中第二个人物（从下往上数）为标准双排扣戗驳领柴斯特外套（出行版），从它全部的细节上看准确无误，在级别上属于系列外套中的正式外套，广告画中加重表现有此提示。

广告画中第一个人物（从下往上数）是双排扣阿尔斯特翻领、装袖、贴袋加袋盖设计。从这些元素组合情况来看具有波鲁外套风格属防寒出行外套。

广告画中第三个人物（从下往上数）是双排扣阿尔斯特翻领、插肩袖、两侧是加装袋盖的口袋。总体上是阿尔斯特外套风格，但插肩袖是雨衣外套固有元素，因此有阿尔斯特外套"简装版"的暗示。

广告画中第四个人物（从下往上数）是单排扣平驳领、插肩袖、贴袋加袋盖设计。这其中大部分的元素都不同于两种柴斯特外套的"标准件"，说明这种外套是其中较为便装化的，级别也是较低的。

我们从这幅 1928 年巴宝莉大衣广告画中首次发现对外套礼仪级别的暗示，并明确在出行外套中双扣戗驳领柴斯特外套的"正式"地位。另外，巴宝莉的设计师们为我们提供了一个非常有效可行的设计思路，即设计元素和组合形式离"标准"越远，个性越强，而传统丧失的越多、级别越低。这些没有好坏之分，重要的是看你为谁去设计，为什么场合设计。一个演艺明星无标准可言，"无标准的标准"才是他们的穿衣哲学；一个议员，没有穿衣标准就不会成为议员，丧失了穿衣标准也会丢掉议员，这恐怕就是英国绅士在穿衣服上不能越雷池一步的原因。

（二）英国绅士与"新古典风格"

巴宝莉大衣古典风格的成功迎合了时代的潮流，因为 20 世纪初弗瑞克外套已经完全丧失了它作为礼服外套的统治地位，柴斯特外套也是被确立新古典风格的时期，由此决定了它作为正式礼服外套的历史地位，引领这个潮流的是英国皇家和显贵们。

柴斯特外套新古典风格的特点是在其标准版和出行板型式的基础上延用从弗瑞克外套继承下来的黑色天鹅绒配领，这便是"贵族血统"和"英国风尚"的标志。图 2-11 是当时英王室非常普遍的一个社交活动，左边的两位绅士外套配有天鹅绒翻领，说明参加女王陛下（右二）的活动决不能有着装上的瑕疵。这个传统被英国王室和贵族们一次次地务实而牢不可破。

图 2-11　普遍穿着新古典风格柴斯特外套的绅士

配黑色天鹅绒的柴斯特外套，无论是双排扣戗驳领，还是单排扣平驳领都被广泛使用，后一种被视为新古典风格的"标准版"，它所具备标准细节的全部特征，就是我们今天从男装教科书里见到的柴斯特菲尔德外套，它几乎占据了 20 世纪前半叶礼服外套的统治地位（图 2-12）。如果你在今天一个适宜的社交场合，发现有一位穿着配有黑色天鹅绒柴斯特外套的男士，无论做怎样的高雅评价都不过分，"他是一个准确无误的绅士"（图 2-13）。

图 2-12　20 世纪 50 年代配有黑色天鹅绒的柴斯特外套

巴基斯坦外交部长　　　　　　　　　　　美国副总统拜登

图 2-13　准绅士的标签

在单排扣暗门襟平驳领和双排扣戗驳领的两种柴斯特外套之间还有一个"传统版"，它的款式特点是在单排扣暗门襟的基础上将平驳领变成戗驳领，其实这才是真正意义上且具有独立新古典风格的基本形制。如果说标准版柴斯特还不够高贵，双排扣戗驳领柴斯特还有太多的弗瑞克外套痕迹的话，只有单排扣暗门襟戗驳领才最终摆脱了它们而自成一体。1930年阿尔阿斯公司推出的"传统版"柴斯特外套成为新古典主义的典范，并在广告中标榜"新古典风格"，而且一反传统柴斯特外套有腰身的X造型，以足够大的"量感"表现出现代的品位，这可以说是当代风格的柴斯特外套已初露端倪（图2-14）。

图 2-14　新古典风格的柴斯特外套

其实，阿库阿斯公司推出单排扣戗驳领这种新古典风格的样式并非偶然，在当时英国皇室就有一股强劲反叛传统的力量，最具旗手式的人物就是不爱江山爱美人的爱德华八世温莎公爵，在他身上总会有一种清新的信息挡也挡不住。图2-15是1936年拍的照片，温莎公爵穿了一件单排扣明门襟戗驳领、袖口有卡夫的插肩袖、斜插口袋的灰色粗呢大衣①，按照当时周围那些大臣清一色全黑的标准柴斯特外套，他显得格格

---

①从温莎公爵外套中所表现出来的细节，几乎全部颠覆了作为礼服外套的标准符号，特别是"灰色粗呢"，可以说是"黑色精纺呢"的礼服传统的背叛。

不入，这正说明以反叛著称的温莎公爵那种无所畏惧革新精神的表露。这种独一无二的外套被命名为威尔士插肩外套，也称温莎外套。

图2-16中的温莎公爵穿了一件地道的新古典风格的柴斯特外套，单排扣暗门襟戗驳领，黑色精纺毛料结合的天衣无缝，只有袖口上保留的卡夫还散发着一种古老的贵族气。也许他所会见的人是已有世界影响力的丘吉尔首相，所以他才穿着的如此精致（图2-16）。

图2-15　1936年温莎外套独领风骚

图2-16　1953年温莎公爵的新古典风格柴斯特外套新颖而精致

四、柴斯特外套与柴斯特菲尔德家族

以柴斯特菲尔德人名命名的外套，与其说是为了纪念他，不如说是一种标榜"尊贵""致雅"记忆的标签。在男装历史中出现的"深蓝""威尔士"，以人命名的阿尔勃特、温莎、本杰明、德奥赛等也都有此意。为什么最后接受了柴斯特菲尔德这个名称？当然，柴斯特菲尔德家族的显赫和高贵是必须的，但更重要的，也是其他贵族所不具备的，柴斯特本人还系统地研究绅士的礼仪规制并身体力行发表著述。因此，柴斯特菲尔德便成为"绅士规范"的代名词。

（一）一代名绅——柴斯特菲尔德四世

柴斯特菲尔德第一代（1673~1721年）并不显赫，最早是军人，后成为政治家。通常在教科书中和习惯提及的是指柴斯特菲尔德四世。柴斯特菲尔德并不是他的名字而是贵族的封号，他的名字是 Philip Dormer Stanhope（菲力普·多玛·斯坦尼普，1694~1773，图 2-17）。他不仅是英国的政治家、外交家，还对英国贵族礼仪规制颇有研究，他最重要的两部著作《与儿子的书信》和《给教子的几封信》都是教人怎样讲究礼规，怎样取悦于人，怎样在社会上获得成就，他本人也成为当时风雅举止崇尚礼规的权威人士。他认为，绅士必须修养高尚人格，装束举止规范有度，始终保持内敛的高雅并要持之以恒。他的这些主张成为 18 世纪英国社会普及礼仪的先导者和践行者。在临终时还指着他的终身朋友、外交家 S·戴罗尔斯，对周围的人说，"戴罗尔斯先生风度犹存，这大概就是真正的绅士"。

图 2-17　柴斯特菲尔德四世

柴斯特菲尔德四世之所以成为名绅雅士的典范与他一贯注重人文修养有关系。他曾一度在剑桥大学三一学院学习，后到国外，主要在巴黎度过一段时期之后，极为赞赏法国的风俗、文化和对艺术的鉴赏力。1726 年袭封为伯爵，1728 年任驻荷兰大使，1732 年回到英国。1747 年菲力普四世 50 岁的时候，柴斯特伯爵官邸建成，招来名流雅士在此经常举行沙龙。当时流行的"柴斯特菲尔德"用今天的话就是"贵雅风""上品"之类的意思，这足以说明当时柴斯特菲尔德四世的显赫，他的温文尔雅、机智敏捷很受同时代贤达文人的欣赏，他与蒲柏·斯威夫特和伏尔泰①过从甚密。

（二）柴斯特外套命名于菲力普五世

由于柴斯特菲尔德四世的显赫，更因为他对英国社交礼规的研究与贡献，他那温文尔雅的名绅典范，使古典社交的举止装束变得举足轻重。不过，柴斯特外套的名称并未由此产生。但这种社会条件已经具备，到某个时期，当某种服装（或者其他时尚物质载体）能够诠释它的时候这种表述便赋予给它，从柴斯特外套定型的形制来看应该是 1840 年以后的事。

就男装文献中记载一种观点认为，柴斯特外套产生于柴斯特菲尔德六世（1838~1905），其实这个时期刚好是柴斯特外套的定型期（1870）和全盛期（1890），作为诞生期在时间逻辑上是相悖的。如果按照公认的说法，柴斯特外套诞生在 1845 年，此时柴斯特六世还不足 7 岁，怎么会产生以幼童命名的绅士外套呢？当然，第五代柴斯特菲尔德时代（1805~1875）更符合事实。因为，1845 年柴斯特外套命名的时候，

---

①蒲柏，英国 18 世纪最重要的讽刺诗人，公认的英国 18 世纪杰出的讽刺作家。伏尔泰，18 世纪法国最伟大的人文启蒙者和作家之一。

他刚好40岁,正是社交的黄金期。从社会背景上看这个时期也是英国名绅辈出的时代,他与当时的名绅德奥赛(Dorsay),政治家、诗人利顿(lytton)是挚友,也是时尚首相本杰明(Benjamin)、时尚王子阿尔勃特活跃的时代,使柴斯特外套的贵族血统确立下来,才有可能出现后来古典社交标志性的礼服外套柴斯特菲尔德,出现19世纪末柴斯特外套的大流行(图2-18)。

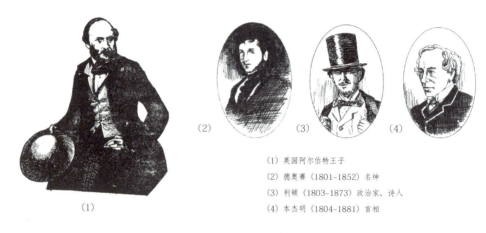

(1) 英国阿尔伯特王子
(2) 德奥赛(1801~1852)名绅
(3) 利顿(1803~1873)政治家、诗人
(4) 本杰明(1804~1881)首相

图2-18　19世纪英国名绅

柴斯特菲尔德五世是历史学家和古董收藏家。柴斯特外套随着柴斯特菲尔德家族的兴旺发达而生机勃勃,也并没有因为这个家族主人的逝去和衰落而退出历史舞台。不过让我们确信无疑的是柴斯特菲尔德看重的是至上高雅的品格,它的典型样式与其说是衣服,不如说是这种品格的文化符号,这正是绅士们要坚守和修炼的。

五、柴斯特外套的成功路径

如何得体地运用柴斯特外套是现代成功人士树立品位社交形象不可或缺的功课。认识的途径从了解它的社交技巧、"标准件"和简单的板型技术开始。

(一)柴斯特外套的社交技巧

今天柴斯特外套的格局是从20世纪初继承下标准色作礼服时选择深蓝或黑色,作常服时选择灰色或驼色(驼色是主流外套的通用标志色)。面料以海力斯、开斯密羊绒等精纺毛织物为主。适用的主服有塔士多晚礼服（配白色丝巾更显高贵）、董事套装日间礼服、黑色套装常规礼服、西服套装常服，礼仪级别也因主服的改变而改变。驼色柴斯特外套有出行外套的暗示，主服可选择西服套装以下的休闲西装，如布雷泽西装、夹克西装等。总之柴斯特外套的礼服级别更多的不注重它的版式（三种款式可作为风格选择），而强调规范用色，通常情况下颜色越深级别越高，颜色的级别依次是黑色、深蓝色、深灰色、驼色（图2-19）。

柴斯特外套			礼服			常服	
礼服外套提示	深蓝或黑色	柴斯特外套三个版本通用	塔士多（晚礼服）	董事套装（日间礼服）	黑色套装（全天候礼服）	西服套装	
常服外套提示	深灰或驼色					布雷泽西装	夹克西装

图 2-19　柴斯特外套颜色与主服搭配提示

在柴斯特外套选择主服的实际应用上还是有些细节的考虑。当与塔士多礼服组合时，意味着是晚间最正式的场合，通常情况下在请柬上有着装提示。这些场合包括正式晚宴、晚会（舞会）、仪式、观剧等。配白色丝巾是这种组合的传统标志，柴斯特外套款式虽然可以选择三种款式之一，但配有黑色天鹅绒更能表现高贵的身份和优雅气质。特别要注意变异款式慎用。深蓝色或黑色是明智的选择（图2-20）。与董事套装组合时，可视为日间正式场合，如白天的婚礼、葬礼、仪式、观剧等，这时白色丝巾不是必配的（图2-21）。

图 2-20　柴斯特外套和正式晚礼服（塔士多）组合范例

图 2-21　柴斯特外套和正式日间礼服（董事套装）组合范例

　　与黑色套装、西服套装组合时，可以选择上述两种正式礼服的搭配方式，也可以选择深灰色或驼色的柴斯特外套。这是因为黑色套装和西服套装属常礼服范围，级别相对正式礼服要低，不仅色彩使用的范围加宽，外套构成的细节也有个性化倾向，如从有袋盖平插袋变成无袋盖斜插袋。需要注意的是，不要有大幅度的改变，因为这会丧失柴斯特外套历史感，这与绅士的信守和务实精神相悖（图2-22）。

（二）柴斯特外套"标准件"的解读与应用

　　在柴斯特外套三个基本版式即标准版、传统版和出行版中，通常标准版流通最广，传统版有复古倾向，出行版表现得更加实用和本色，但在级别上没有严格的区别。从设计的角度来讲，柴斯特外套可以产生很多变异类型，这为个性化绅士提供了可观的选择空间，其方法是通过基本类型"标准元素"打散再进行"相关元素"重组产生新概念的柴斯特外套。那么，首先认识柴斯特外套的"标准元素"是最重要的，这里称"标准件"。

（1）准柴斯特外套和西装的组合，灰色提示很公务的风格
（2）斜插袋是柴斯特外套的便装化趋势，深蓝色是西服套装明智的选择
（3）斜插袋、驼色柴斯特外套与西装组合是一种代表性的常服组合
（4）出行版双排扣戗驳领驼色柴斯特外套与夹克西装组合（无领带可判断）有便装组合暗示

图 2-22　柴斯特外套和常服西装组合范例

1. 标准版柴斯特外套的标准件

标准版柴斯特外套的标准件是构成整个柴斯特外套元素的基础，单排扣、平驳领、暗门襟、装袖、两侧翼型口袋、整体呈收腰造型是它的基本特征（图 2-23）。

（1）平驳领。设计通过领角的角度、串口线位置的改变产生领型概念，翻领采用黑色天鹅绒配领有"崇英""怀旧"的倾向。注意平驳领不采用双排扣设计，这是绅士服对历史尊重的一贯精神。

（2）暗门襟。可以配标准版的平驳领，也可以配传统版的戗驳领设计。改成明扣设计为变异倾向或有便装化暗示。注意暗门襟一般不用在双排扣设计上。

（3）装袖。在不改变装袖总体味道前提下作细微的肩型工艺处理是高明的设计。任何装袖以外的袖型设计，如插肩袖、前装后插肩、半插肩袖等都要谨慎使用，因为装袖是柴斯特外套保持整体造型庄重的关键技术和手段，因此它是礼服外套的标志性元素。

（4）两侧翼型口袋。按行业的叫法是有袋盖的双开线口袋，在外套中它比任何袋型都显得正式。采用斜插袋有便装化倾向。在原有袋上方加装小钱袋设计有"崇英""怀旧"的提示。左胸设手巾袋是礼服外套惯常的作法，它是放装饰巾的专用口袋。贴口袋设计要慎用，因为它完全不是礼服的语言。

（5）前腰省。无前腰省一般配合H型结构是除柴斯特外套以外的外套裁剪主流。柴斯特外套如果采用H型结构的造型，可视为有便装化倾向。前腰省是配合收腰型四开身或六开身结构设计的，以保证整体呈X造型，也是柴斯特外套所特有的造型风格。

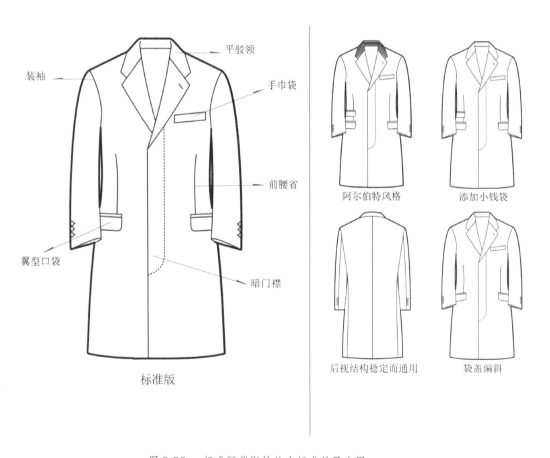

图2-23　标准版柴斯特外套标准件及应用

2. 传统版柴斯特外套的标准件

传统版柴斯特外套的标准件是在标准版基础上只需将平驳领换成戗驳领,当然也可以选择配黑色天鹅绒翻领的设计(图2-24)。

3. 出行版柴斯特外套的标准件

出行版柴斯特外套的标准件,双排扣、戗驳领是它的最大特征,其余与标准版柴斯特外套完全相同。配黑色天鹅绒翻领有强烈"崇英"的暗示,可以说是对"保守古典主义"的宣示。值得注意的是,在出行版中双排扣不要采用平驳领,可以采用半戗驳领或阿尔斯特领(大翻领),有前腰省的X型和无前腰省的H型裁剪也普遍使用(图2-25)。

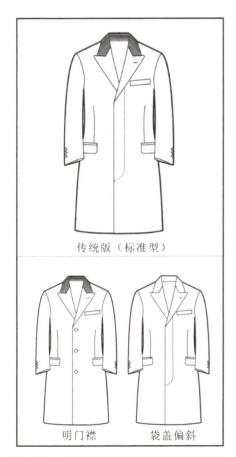

图2-24 传统版柴斯特外套标准件与应用

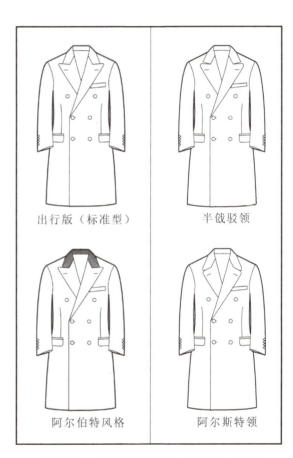

图2-25 出行版柴斯特外套标准件与应用

(三)柴斯特外套的两种基本板型

柴斯特外套的两种基本板型是指X造型的六开身裁剪和四开身裁剪。

1. 六开身柴斯特外套板型

六开身是柴斯特外套强调X造型的必然结果,是它的传统板型,因此有的文献称它有腰身外套的说法就是由此而来。六开身板型是在弗瑞克外套"维多利亚结构"基础上通过简化形成的,被誉为"最优化板型",即前两片、侧两片和后两片。这种板型在 19 世纪末确立之后一直到今天始终成为男装的经典结构,在西装和礼服外套中仍是主导板型。随着生活方式的不断休闲化,过分的合体和收腰慢慢地被宽松和直身的服装造型所取代,也就出现了适应这种造型的小收腰或不收腰的四开身板型。值得注意的是,它构成原理不是孤立的,而是在六开身板型的基础上发展而来(图 2-26)。

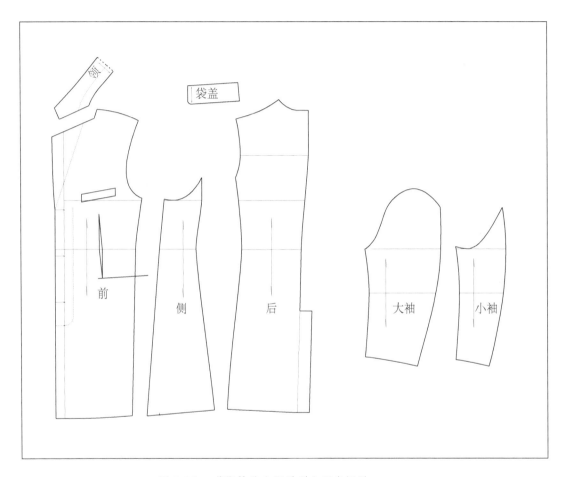

图 2-26　柴斯特外套 X 造型六开身板型

2. 四开身柴斯特外套板型

当代柴斯特外套和传统相比,宽松外套成为主流,四开身板型便受到重视,也成为男装整个外套的基本板型。但柴斯特外套毕竟是礼服外套,适当的收腰、精致的结构是必然的,因此,在六开身和四开身之间就产生一个过渡板型。一般来讲六开身板型是有收腰的曲线结构;四开身板型是不收腰的直线结构。那么它们的中间状态就是在四开身的基础上作收腰处理。在外观上有小X造型效果，这可以说是当代最流行柴斯特外套的板型（图2-27）。

直线式四开身板型不是柴斯特外套的主流样板，因为它不利于X造型的实现。19世纪末卡巴特外套的结构是直身外套的原型，因此H型柴斯特外套并不是今天才有，巴宝莉公司和阿库阿斯公司在20世纪初推出的H型外套已经很完备了，只是当时那些贵族们普遍崇尚收腰合身的礼服准则，那时直身型外套是一定被排除在礼服之外的。今天的生活方式和审美习惯与此完全不同了，舒适和方便成为当今审美的特质，人们再也不会以牺牲舒适和方便去表现美了，因此，直线型四开身板型也在柴斯特外套中大行其道，这说明柴斯特外套已走向从礼服到便服的多元化时代（图2-28）。

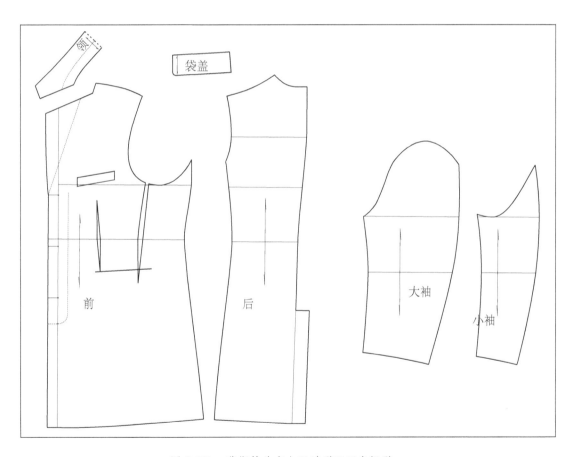

图2-27　柴斯特外套小X造型四开身板型

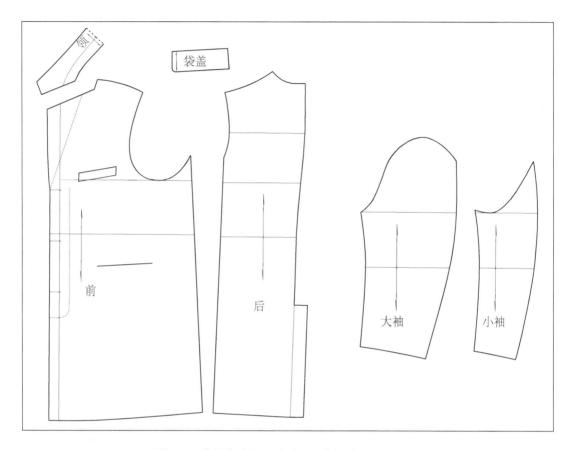

图 2-28 柴斯特外套 H 造型四开身板型

第三章

出行版的阿尔斯特外套家族和波鲁外套经典

　　正式出行外套的"正式"有礼服之意，柴斯特外套的出行版是这种外套的最高形式，所以它归到了礼服外套的序列，只是它的双排扣戗驳领还保持着出行外套的特征，然而在历史上因为便于驾马车的原因，"出行外套"源自单排扣的旅行大衣（traveling great coat 见表 1-1 图外套的 1828 年）。它有两个涵义，一是适用路途远；二是防寒。路途远按照今天的交通工具来看已不成问题，因此今天正式出行外套多指防寒礼服外套（也称冬季礼服外套），高品质的羊绒是其标志性面料，阿尔斯特外套和波鲁外套是这类外套的代表。尽管阿尔斯特外套在时尚界看来更像古董外套，但是包括柴斯特外套在内的出行外套的所有信息几乎都与它有关，因此，了解阿尔斯特外套对认识高贵的出行文化至关重要。

一、具有英国血统的阿尔斯特外套家族

能够与柴斯特外套平起平坐的要属阿尔斯特外套了（Ulster coat）。如果说柴斯特外套是通用礼服外套的话，那么阿尔斯特外套是偏重于防寒的礼服外套。在款式上它和双排扣戗驳领柴斯特外套几乎相同，阿尔斯特大翻领是它独具的而成为出行外套的经典元素。从历史上看，阿尔斯特诞生于柴斯特外套命名之后的近25年（1869年）。而且它们都产生于英国，阿尔斯特样式一定会受到柴斯特外套的影响，如都采用有袋盖的翼型口袋，都采用有腰身的造型等。从防寒的功能上来看，驾马车的出行方式慢慢被驾驶汽车出行取代，阿尔斯特采用厚呢面料和双搭门是必然的，适应于厚呢加工的阿尔斯特大翻领也就应运而生，双排扣大翻领也就成为阿尔斯特外套的重要特征。在20世纪前30年流行不衰的双排扣柴斯特大衣样式基本是以阿尔斯特外套的面貌体现的[①]，从1907年外套演变过程图例和1928年巴宝莉公司推出的柴斯特大衣广告中所反映的时代面貌就是很好的实证。进入20世纪中叶，服装的实用功能和社交功能不断细化，柴斯特成为正式礼服外套，它的防寒功能逐渐被削弱，单排扣平驳领便成为它主要的样式，面料也以海力斯、开斯米这些精纺面料为主。阿尔斯特仍保持着防寒大衣的基本特质而派生出具有阿尔斯特风格的厚呢外套家族，例如后来出现的泰洛肯大衣（Tieloclce）、波鲁外套（Polo）、近卫官外套（Guards）和列颠外套（British Warmet）都和它有关，可以说它是呢绒大衣的鼻祖。今天还在活跃的防寒大衣是波鲁外套和不列颠外套，阿尔斯特这个名字人们不再习惯地使用它，也许有更时尚化的英国贵族气的名称取代它。

（一）阿尔斯特与英式大衣

阿尔斯特外套是防寒外套的统称，呢子是它主要的面料，它所形成的整体造型和细部特点都跟厚呢料有着千丝万缕的联系。1869年登场时所采用的名称就是爱尔兰北部阿尔斯特地区所产双层毛织物而得名，适合这种面料的大翻领、双排扣（六粒或八粒）、两侧有袋盖的口袋、袖口有翻折式的卡夫、后腰有用纽扣连接的腰带、采用明线工艺等，这些细节成了阿尔斯特外套的标准件。无论是它自身的演变还是派生新概念的大衣，都是围绕着这些元素展开的设计。例如，19世纪末20世纪初，阿尔斯特

---

① 当时全球气候寒冷，保暖手段和技术还不发达，外套的防寒性成为出行外套设计的主要目的。

开领的降低正式将它确立为旅行外套，降低的开领可以说是今天出行外套新概念就是由此开始的，款式出现多样化，它们虽然在表现形式上略有不同，但离阿尔斯特外套的基本元素不会太远，近卫官外套和不列颠外套就是阿尔斯特外套自身演变的结果（图3-1）。

1. 近卫官外套

近卫官外套（Guards）是由英国近卫步兵第一连将校穿用而得名，看得出这个名称比传统的阿尔斯特更具英国和贵族化了，在款式上开领降低，形成四个功能扣和两个装饰扣，这种改变很有柴斯特外套的味道，袖中卡夫从卷袖型变成半卷袖型，因此可以说近卫官外套是阿尔斯特外套的现代版（图3-2）。

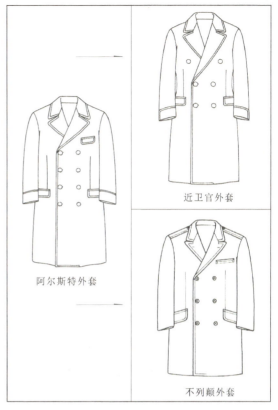

图3-1 英式外套家族来源于阿尔斯特外套的共同基因

邦尼·罗杰20世纪30年代的阿尔斯特外套

现代绅士的近卫官外套

图3-2 20世纪30年代的阿尔斯特外套和现代的近卫官外套

2. 不列颠外套

不列颠外套（British Warmer）在第二次世界大战前就成为英国将军准军用外套，它是在近卫官外套基础之上发展而来的。作为军用大衣，袖口卡夫被简化掉了，由于保暖的原因开领并没有降低很多，只是功能扣从传统的8粒减到6粒，有更加简化的趋势。不列颠外套和阿尔斯特最大的不同是，它的6粒纽扣采用牛皮编结而成的蘑菇状，肩部设有肩襻（扎武装带时防止脱落），这些元素可以说是从阿尔斯特派生出来的不列颠外套的标准件。由于它具有双排扣柴斯特外套简洁高贵的特征，又具有军装的背景，很受英国官员贵族的喜爱而在1941年开始流行。1945年2月，参加著名雅尔塔会议三巨头的罗斯福、斯大林和丘吉尔商讨战后重大国际问题，当时丘吉尔首相穿的就是一件地道的不列颠外套，深灰的颜色，皮质蘑菇状纽扣，阿尔斯特翻领等元素无一缺失（图3-3），到了20世纪60年代不列颠外套再次复活。

图3-3　雅尔塔会议丘吉尔的不列颠外套

近卫官外套和不列颠外套是阿尔斯特外套自身演变的结果，体现出这些外套保持的英国血统更加纯正，甚至在国际社交界将这种"崇英"嗜好遵循为一种心照不宣的"正统着"规则。阿尔斯特翻领、袖中翻折卡夫、皮质蘑菇状纽扣等暗示着拥有它的人就拥有了高贵身份的社会背景。不过痴迷这些秘符的绅士，总免不了有些保守和循规蹈矩。因此，阿尔斯特外套的魅力不在于它的时尚，而在于它纯正的英国血统，当它成为某种时尚的时候便以另外一种面貌出现。

（二）阿尔斯特与泰洛肯大衣

泰洛肯大衣可以说是从阿尔斯特外套中脱胎出来的，但它以全新的造型语言诠释着完全不同于阿尔斯特外套的生活方式，它以最大的可能变出行外套为休闲大衣。在面料的使用上，也完全打破了阿尔斯特厚呢一统天下的局面来迎合它的休闲品质，这要归功于创造外套奇迹的英国巴宝莉公司。1888年巴宝莉公司的创始人托马斯·巴宝莉发明防雨面料华达呢的时候，正是阿尔斯特外套开始大流行之际。20世纪初，该公司推出的外套风格主要以阿尔斯特样式为主，巴宝莉大衣呢也因此被广泛流通（今天仍有巴宝莉大衣呢的专属名称）。与此同时防雨面料的研制成功，使防雨外套也不断地推出新产品。这种防寒（阿尔斯特外套）和防雨外套（巴尔玛肯外套）的造型元素很自然地结合起来。再加上第一次世界大战在设计上达到登峰造极的堑壕外套的出现，使泰洛肯的设计简直是易如反掌。但是以简洁著称的泰洛肯外套与以最繁复功能设计著称的堑壕外套相比，按照专业人士的说法"遇上了对手"。

泰洛肯（Tielocke）之意是指面襟束腰带式大衣，同时还要保留足够的历史信息和绅士元素，这一点它为我们提供了一个非常成功地利用不同标准元素重组设计的范例。主要的手法以阿尔斯特外套为蓝本，加入巴尔玛肯（雨衣外套）的元素，如插肩袖、斜插袋等。就是阿尔斯特自身元素也作了休闲化处理，如阿尔斯特翻领的开口加大而产生自然随意之感。虽保留的双搭门但去掉了纽扣，用可以拆装的腰带替代了纽扣的功能，显然又受堑壕外套的影响，裁剪上也完全改变了阿尔斯特收腰的外形而变成直线结构的箱式造型，形成了它独一无二的休闲品格，只有袖口上的卡夫还保留着那份纯正（图3-4）。

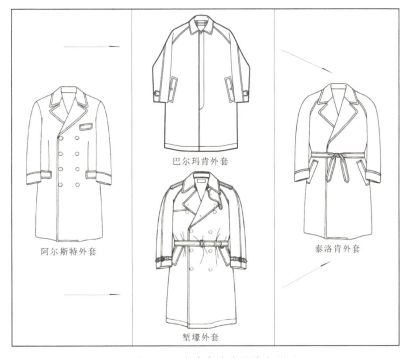

图3-4 泰洛肯外套的绅士基因

其实泰洛肯外套从它诞生那天起就已经成为一个独立的概念，1932年就流行了，1957年复活，就是在今天，泰洛肯已经成了一种休闲方式，而派生出休闲风格的泰洛肯外套家族，在功能上不放弃任何季节和用途，如防寒泰洛肯、防风雨泰洛肯，但阿尔斯特的影子永远挥之不去（图3-5）。

图3-5　泰洛肯风格的外套

二、波鲁外套——出行外套的经典

在今天的出行大衣中最活跃的要属波鲁外套了（Polo coat），它不仅把阿尔斯特元素发挥得淋漓尽致，还与著名休闲外套达夫尔的造型要素联姻而产生了出行外套的全新概念（图3-6），当然，这个演变过程不会发生在今天，也不会一蹴而就，是半个多世纪前潜移默化的演化过程，值得研究的是当这种风格样式定型之后在世界范围内迅速普及让我们难以想象，我们对它的认识程度甚至还不如20世纪二三十年代，因为在当时中国的上层社会穿波鲁外套已经成为绅士的标志之一，当然在当时以英美为代表的主流社交波鲁外套可谓一道亮丽的风景（图3-7）。时至今日这种殊荣没有丝毫的降低，它的袖卡夫、复合型贴口袋、戗驳领型、纯正的驼色几乎还保持着50多年前的传统风貌，就是对女装职业外套的设计都具有强劲的影响力，这要归功于它那独特、务实而历史深厚的语言经典（图3-8）。

第三章 出行版的阿尔斯特外套家族和波鲁外套经典　049

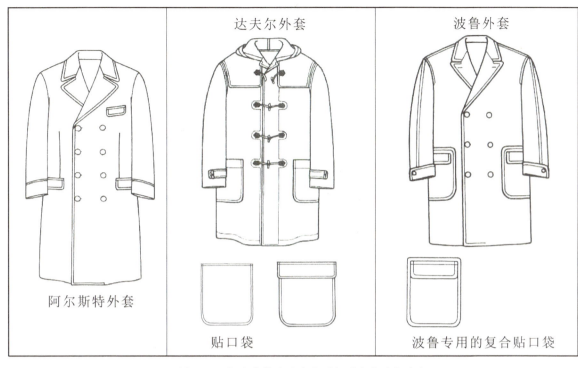

图 3-6　阿尔斯特和达夫尔联姻派生的波鲁外套

（1）、（2）我国20世纪30年代主流社交的波鲁外套阿尔斯特领、袖卡夫和复合贴口袋准确无误　（3）美国插画家Serena Brivio绘制的20世纪30年代英美国际主流社交场景

图 3-7　我国20世纪初期上层社会穿波鲁外套成为绅士的标志之一

图 3-8　今天波鲁外套的经典与品位依旧

（一）波鲁外套的身世——从平民到贵族的标签

波鲁外套最早出现的时间是 1916 年，比阿尔斯特晚得多，但比近卫官外套、不列颠外套要早，大体的时间顺序见下表。

出行外套出现时间表

1869 年	阿尔斯特大衣登场
1897 年	低开领阿尔斯特外套流行（有近卫官外套特点但保持原名）
1916 年	波鲁外套出现（当时叫候塞外套）
1924 年	近卫官外套流行，同时波鲁外套流行
1941 年	不列颠外套流行

我们从这个阿尔斯特外套家族个案出现的时间顺序来看说明了几个问题。第一，近卫官外套和不列颠外套的基本造型通过简化发展到今天的，这是阿尔斯特外套的主渠道。第二，波鲁外套也继承了阿尔斯特外套的主要元素，但它并没有沿着以"减法"为特征的主渠道，而采用了"加法"，如复合贴口袋、有袖中缝的包袖等，由此成为阿尔斯特外套家族的休闲版而成为相对独立的发展规律。第三，我们从该时间顺序中无意中得到一个耐人寻味的"流行属性"，1924年在欧美流行的波鲁外套，在当时的中国也同样流行（见图3-7），而且看上去是在上流社会中流行。解读波鲁外套的身世会让我们知道流行的属性和生命力之间的关系。

波鲁外套名称的来历很有意思，它出现的时候叫作"候赛外套"（Wait coat），是指古代英国在马球竞技者等候比赛前为防寒而临时穿的一种外套。这要追溯到1873年，我们知道这个时期也刚好是阿尔斯特外套流行的时候[①]，因此，它的基本构造元素跟阿尔斯特没有太大区别。在用料上，因为它不是正式的出行外套，（礼服外套）级别相对要低，面料多用更粗的毛纺织物，1890年以驼毛纺面料为主，这种面料的加工习惯无意中确立了波鲁外套独特的构造形式和表现语言，直到今天也没有根本的改变。

采用"波鲁外套"这个名称始于美国，1910年由著名的"布鲁克斯兄弟男装店"[②]命名。Polo是马球的意思，Polo Coat就是马球外套，这种名称的改变很能说明波鲁外套的升级过程。命名马球外套并不是用于马球比赛，而是证明它显示马事运动所具有的贵族生活方式的标志。"候赛外套"的名称无论在发音还是字意内涵都不具有绅士的高贵感。可见候赛外套虽是波鲁外套的前身，但它们的命运完全不同，波鲁外套名称的启用，说明它作为经典出行外套的开始，到了1924年以波鲁外套的面貌在上层社会流行，进入20世纪三四十年代在西方社会的男士服装中，它与柴斯特外套（礼服外套）、巴尔玛肯外套（风雨外套）形成三足鼎立的格局，这种外套格局也影响了当时中国上流社会的装束。它们作为绅士外套在今天仍在左右着男士的"社交行为"，换句话说，是否能准确地把握这种外套格局，仍是判断男士成功社交形象的一个可靠指标。

---

①1869年阿尔斯特大衣登场；1876年阿尔斯特外套都市化；1892年阿尔斯特旅行大衣流行；1897年低开领阿尔斯特外套出现，这意味着现代意义上的阿尔斯特外套多元化的开始，波鲁外套亦在其中。
②布鲁克斯兄弟男装店是美国最古老和权威专营男装的商店，它以继承英国传统为宗旨，在一定程度上（美国）本土化，从"候赛外套"变成"波鲁外套"就是一个例子，还有很多绅士服也是如此，如塔士多礼服也是根据英国传统美国化的。它的品牌完全是国际化的，甚至超过纯英国的巴宝莉品牌，具有更高的国际影响力。在国际社交界有这样的提示："自如地穿着布鲁克斯兄弟的牌子，标志着你真正进入了上流社会"。

（二）驼毛与波鲁外套的标准色

阿尔斯特外套面料的传统是麦尔登呢和爱尔兰大衣呢，白色羊毛作为它的主要原料，也就决定了在礼仪级别上它更接近柴斯特这种礼服外套，因此，染成深色便成为阿尔斯特外套习惯的作法，如黑色、深蓝色[①]、墨绿色、深灰色等。波鲁外套根据它惯用驼毛粗纺呢的传统，驼毛本色比羊毛本色有一定灰度（暖灰色，习惯称驼色）且沉稳雅致。自然本色总是实用美学的最理想选择，欧洲的美学传统更是如此，自然本色能够保留它就不要去改变，这是波鲁外套选择驼毛本色的初衷。另外，波鲁外套本身的级别相对阿尔斯特外套要低，选择浅色合情合理，驼色便成了它的标准色。更耐人寻味的是，它和历史中雨衣外套惯用的土黄胶布色调很接近，这两股"势力"的合流简直变成了一条不可抗拒的"黄河"。这种浅驼色系在外套中形成的初始就占据了统治地位，在今天国际社交界外套用什么颜色似乎彼此心知肚明，判断什么是经典，"驼色"可谓是一个重要标志，如巴尔玛肯外套、堑壕外套、达夫尔外套、泰洛肯外套甚至柴斯特外套（出行版）等都以驼色为首选，当然不能说驼色是它们唯一可用的颜色，起码是使用概率最高的颜色。

在外套中，礼服和便服的界限并不分明，这样驼色大有向礼服外套渗透的趋势，因此驼色柴斯特外套也多了起来。今天看来驼毛不重要了（羊毛的品质会更高），但这种颜色已被视为绅士外套的标志色。从社会学的角度看，绅士如此偏爱外套的驼色仍然是个谜，不过美国著名的社会学家保罗·福赛尔在《格调》中确信它渗透着社会等级性，他说："一个显然的社会等级差异是外套的颜色。约翰 T·莫罗伊经过广泛和相当努力的研究后发现，驼色（土黄色）外套比黑色、橄榄绿或深蓝色外套的级别要高。他因此大力敦促那些跃跃欲试想要挤进上层社会的中产阶级尽快为自己添置驼色外套。据估计，驼色暗示着穿这种外套的人对可能溅上污渍的危险毫不在乎"。言外之意他有足够的实力随时可以打理或更换它。因此，今天如果不是特别正式的场合，穿驼色外套是明智的选择，就是在正式场合穿驼色礼服外套（如驼色柴斯特外套）也没有任何禁忌可言。不可思议的是经典外套用色的这种习惯（规则）竟与两个世纪前惯用驼绒的波鲁外套有关。

（三）驼毛与波鲁外套的标准件

驼毛织物在波鲁外套中的使用不仅确立了男装外套用色的习惯准则，还创立了出行外套独特的表现语言。大翻领设计是和阿尔斯特外套使用厚重呢料有关，这个传统

[①] 在男装习惯中深色比浅色的级别要高，且黑色和深蓝色为礼服惯用色，因此在男装所有礼服中，黑色和深蓝色为首选。

也被波鲁外套继承下来。不过波鲁外套和阿尔斯特外套在用料上还存在差异，它们虽然都使用厚呢，但驼毛更偏重加工粗纺呢，这就决定了它在构造元素上和阿尔斯特有所不同，也就形成了历史上阿尔斯特外套工艺内化和波鲁外套工艺外化的造型特点。复合式贴口袋和三开缝式包肩袖是波鲁外套独一无二的造型符号。

　　复合式贴口袋既不同于阿尔斯特外套加装袋盖的挖袋工艺，又不像达夫尔外套那种单纯的贴袋设计，更像它们的结合体，这一切都和它们初创时使用面料的质地有关。阿尔斯特使用的爱尔兰大衣呢厚重但纤维细密适合采用"挖嵌"工艺，纱线不会脱落；达夫尔使用的生毛粗呢（类似于羊毛的下脚料），由于纤维粗疏而必须采用单纯的贴袋工艺，尽量不破坏织物表面才能耐久使用，达夫尔外套的其他造型元素也与此有关；波鲁外套的驼毛面料刚好介于它们之间，如果用精纺呢料惯用的"挖嵌"工艺会有脱纱的危险，用粗呢单纯的贴袋设计又不符合这种外套的高贵身份，因此产生了这种精致的复合式贴口袋（Framed patch pocket）设计。因为"挖嵌"工艺是在贴袋布上实施，一来可以很容易地加强防脱纱的处理，二来保持了前身衣片的完整性。当然，今天的材料科学足以支持上述的任何一种加工技术，各种形式的口袋都可以在各种面料中实现，然而人们还是忠实地维护着这种"原创的秩序"，只不过它的内涵更多的不是工具了，而是一种维系社会阶层的密码。

　　波鲁外套最具革命性和里程碑式的成果就是它的包肩袖（Semi raglan）设计。我们知道装袖是礼服外套常用的造型，插肩袖是风雨外套惯用的设计。波鲁外套的包肩袖都不同于它们这是为什么？按今天设计师的常规解释，就是标新立异、个性、前卫等，这是蹩脚设计师的解释而已，按照服装的造型规律材质才是决定造型和样式的准则。波鲁的驼毛粗呢面料用常规的装袖工艺，由于面料松软而容易在造型上懈肩（肩显塌软），雨衣惯用的插肩袖（防雨功能）用在防寒外套中又不适合，这就使得三片袖结构的包肩袖诞生。一般装袖的结构都是由大小袖两个部分组成，就形成了两片袖结构的袖子，包肩袖是在此基础上，把大袖从中间破开并在肩顶位置处理成弧线形的包肩之势。在工艺上，肩圈部位和袖中缝施加宽明线，使松软的面料变得硬挺起来而成为波鲁外套的经典之笔。与此相配合的袖口卡夫设计把阿尔斯特的元素发挥到了极致，它将传统完整型卡夫变成半截式，并在圆角处用纽扣固定，这种独特的造型语言成为识别地道波鲁外套的秘籍（图3-9）。

图 3-9　波鲁外套的标准件

三、出行外套的礼仪级别与细节提示

　　外套类型可细分为礼服外套、出行外套（防寒外套）、风雨外套和休闲外套四大类。这也可以说是礼仪级别的提示，礼服外套是以柴斯特外套为代表；冬季的常服外套就是以出行外套命名的阿尔斯特和波鲁外套系列；以风雨外套著称的常服外套是以巴尔玛肯外套和堑壕外套为代表；休闲外套是以运动型防寒为特点的，达夫尔短外套是其代表。从级别上看礼服外套和出行外套的界限是模糊的，因为它们使用的面料很接近，只是礼服外套采用高支纱的精纺毛呢而已，在设计和使用上两者之间的构造元素也互通无忌。因此，柴斯特外套和出行外套按防寒外套划分时就归为一类，但在礼仪级别上仍有区别。

（一）出行外套的礼仪级别是如何细分的

1. 组合

出行外套总体上要低于柴斯特外套，一般不与正式礼服组合使用，如塔士多礼服和董事套装，主要和黑色套装、西服套装、布雷泽西装组合，随着休闲生活的增多，休闲西装、户外服的加入也不成问题。但是，在了解出行外套的细分功能的过程中，搭配的惯例和技巧还是有的。这其中有一个通则需要注意，即外套的颜色越接近黑色的级别越高，深蓝次之，驼色和灰色为中性色，因此，在出行外套中规划休闲搭配方案时采用驼色是明智的（图3-10）。

2. 款式

在款式方面，一般外套中所构成的外观元素越多级别越低，反之就越高，如柴斯特比阿尔斯特高，阿尔斯特比波鲁高，波鲁比达夫尔高；在风雨外套中巴尔玛肯总是比堑壕外套要高，这其中简洁是判断的重要因素（图3-11）。当然这是常规情况，特殊情况也是有的，这要看它的历史存遗价值有多大、是否成为经典、是否含有英国血统也会改变它们的社交命运，如波鲁外套和堑壕外套，虽然它们所构成的外观元素很多，但它们所包含的历史信息和纯正的英国血统而使它们并没有降低太多的礼仪级别，也就是说它们可以保持固有的级别，

图3-10　出行外套颜色与搭配级别

也可以用在高于它们级别的场合中。从另一个角度看，这两种外套尽管外观繁复，但是被历史确认的，要比简洁但没有历史感的格调要高。泰洛肯外套和洛登外套与此相比不被社交界重视估计与此有关。

图 3-11　外观元素和历史信息的多少与外套级别的关系

3. 面料

在面料方面，外套中所用面料质地越粗级别越低，反之就越高。这里需注意的是，除了面料本身原料、质地、纤维结构上的粗细以外，还包括面料风格上的粗犷和雅致。精纺比粗纺、细纤维比粗纤维级别要高，这是指面料本身；同一种面料有条格图案的织物比净色织物级别要低，这是指面料的风格。

以上三个通则不仅适用于外套，在所有男装中也都适用。

（二）出行外套细节的变化对社交和风格取向的暗示

出行外套虽品种很多，但它们防寒这一前提都使用厚呢面料，与之配合的阿尔斯特翻领双排扣便成为出行外套家族的共同特点。在这个基础上变化它们的标准元素，就会产生它们的概念设计。但阿尔斯特外套和波鲁外套在细节上的改变对社交和风格有不同的提示。

1. 扣子

大翻领双排 8 粒扣是阿尔斯特外套的传统版；采用双排 6 粒扣为阿尔斯特标准版，这又是不列颠外套和波鲁外套惯用的设计。4 粒功能扣 2 粒装饰扣为阿尔斯特现代版有出行柴斯特外套的风格。值得注意的是，阿尔斯特翻领一般不配单排扣设计（见图3-10）。

2. 装袖

装袖是包括近卫官外套、不列颠外套在内的阿尔斯特外套家族惯用的袖型，一般不使用插肩袖，但不是禁忌，当出现包括插肩袖、包肩袖、前装后插袖这些有休闲风格的袖型时，它便有休闲外套的暗示（图3-12）。

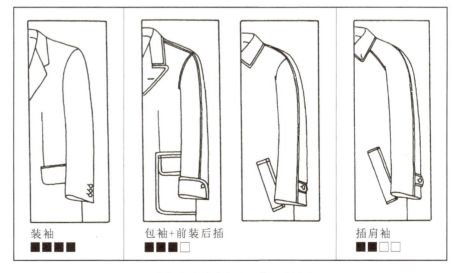

图 3-12　外套袖型对社交和风格取向的暗示

3. 口袋

两侧翼型口袋为礼服外套的标准件，柴斯特外套、阿尔斯特外套、不列颠外套和近卫官外套为惯用元素说明它们有礼服情结，若在右侧增加小钱袋设计时有崇英的暗示。变成贴袋形式有波鲁外套倾向；变成斜插袋形式有泰洛肯外套倾向，显然，这意味着阿尔斯特外套被休闲化了（图 3-13）。

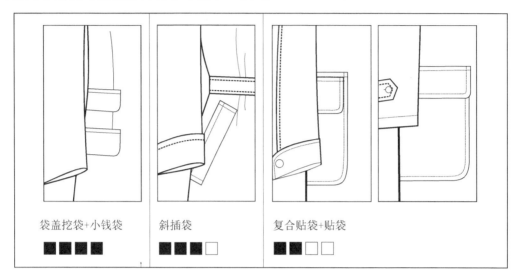

图 3-13　外套袋型对社交和风格取向的暗示

4. 卡夫

整体型卡夫为阿尔斯特的标准件，由此也产生了很多变种，如半截式、加扣半截式、花瓣式等，这些成为阿尔斯特外套袖卡夫设计的变术，虽然用在任何一种出行外套中都没有禁忌。但外套袖口形制的历史积淀仍保函了对礼仪级别含：从高到低依次为3粒扣式袖口、卡夫式袖口、襻式袖口和带式袖口，运用哪种袖口形式就会有相对级别的暗示（图 3-14）。

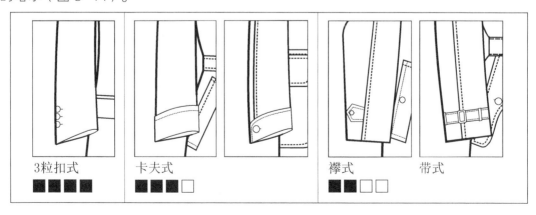

图 3-14　外套袖口形式对社交和风格取向的暗示

5. 造型

出行外套的造型，一般阿尔斯特外套家族都有前腰省，说明出行外套的传统是要适当收腰的，这一点和柴斯特外套有着共同的特点。如果考虑休闲风格时，箱型外套的裁剪不需要收前腰省，这是波鲁外套惯用的板型设计，也是现代出行外套的板型特点。

6. 腰带

只在后腰位置附设腰带并用纽扣连接，这是阿尔斯特外套、波鲁外套的标准件，也是出行外套常用的设计语言，在应用设计中可以保留，也可以简化掉，后者有升级的暗示。不列颠外套自身没有腰带，也可以设计可拆装的束腰带，不过这有降级的暗示，因为可拆装腰带是休闲外套的标准件。由此就外套腰带这个细节判断其礼仪级别，无腰带高于有腰带；半腰带设计介于它们之间。

7. 线迹

出行外套普遍采用宽明线，是为厚呢面料加工时保证外观"平实"而采取的必要工艺。当然面料的改变，工艺也会发生变化，如呢料的薄型化，明线也会变得精致。如果出行外套采用更多礼服外套元素的时候，明线需要去掉，因为无明线外套表明它是用精纺呢制作的礼服外套。

（三）出行外套的板型特点

出行外套由于惯用厚呢面料，箱式造型的四开身结构成为这种外套的基本板型。阿尔斯特外套、近卫官外套和不列颠外套这些传统的出行外套还保留了一些收腰的传统，其结构线有收腰的处理并设有前腰省，装袖板型采用通用的大小袖结构，这些板型特点完全与柴斯特外套相同，故它们通称为有腰身的X板型系统。如果有更多休闲化的考虑，在此基础上不作收腰处理，前腰省也没有保留的必要了。如果采用两片袖的包肩袖结构这就构成了波鲁外套的基本板型的特点，这既是波鲁外套、泰洛肯外套、洛登外套这些休闲味很强的出行外套的造型手段，也是现代外套板型技术的主流（图3-15）。当然收腰型和非收腰型结构主要是为实现外套的"X型"和"H型"的外部造型所采用不同的板型技术，当强调或喜欢（流行）哪一种时就可以选择哪一种，因为出行外套的各种类型和两种板型结构没有必然的对应性。但好的产品就一定会采用什么样的材料就要考虑对应什么样的板型结构最有利发挥面料的造型进而表现它们的特质。其实阿尔斯特和波鲁外套家族在不同的历史阶段形成不同的经典样式，确凿地揭示了这样一个设计准则使我们受用至今。

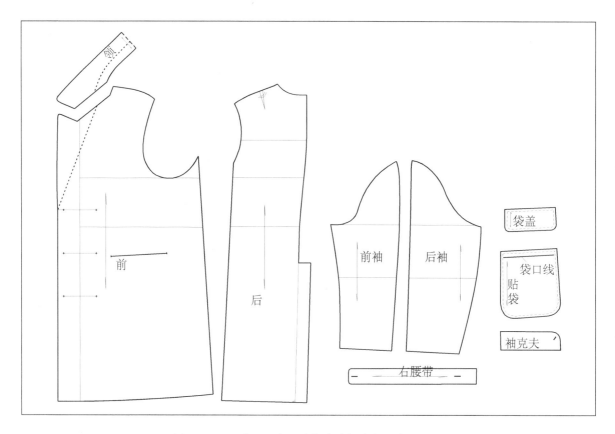

图 3-15　无省四开身两片包袖波鲁外套板型

第四章

全天候外套——巴尔玛肯

在国际主流社交中（以中上层社会为典型）选择目前最通用的柴斯特、波鲁、巴尔玛肯、堑壕和达夫尔五种外套，用随机方式记录，统计结果表明，使用率最高的是巴尔玛肯外套，其次是堑壕外套，第三位是柴斯特外套，第四位是达夫尔外套，第五位是波鲁外套（图4-1）。这是为什么？首先巴尔玛肯最符合理论上绅士的简约[①]着装理念，简洁的构造是它最大的特点，然而这种简洁并不是以牺牲它的功用为代价，正是因为它那完备而巧妙的功能设计表现出恰如其分的外观，这是任何一种外套都不能跟它相比的。其次，巴尔玛肯的全部元素无一不承载着古老的英国文化和历史，它那散发橡胶布味的"土黄色"、古老的巴尔领、由披肩传承下来的插肩袖、苏格兰格子的衬里以及来源于伦敦近郊巴尼斯小镇的名称，无不渗透着英国的文化和传统。

诞生时间	经典外套	受欢迎率
1845	柴斯特外套	■■■■□
1858	巴尔玛肯外套	■■■■■
1869	阿尔斯特外套	■□□□□
1914	堑壕外套	■■■■□
1916	波鲁外套	■■□□□
1940	达夫尔外套	■■□□□

图4-1 六种经典外套的"排行榜"

[①] 理论上绅士的简约，一是，表面简单内涵丰富；二是，形制元素构成约定俗成；三是，有足够的英国传统。

就当代的社交方式而言，巴尔玛肯作为全天候外套适应的社会空间最大，即一款走天下，这其中有几层意思。第一，巴尔玛肯外套在礼仪的级别上刚好处在中间，故有中性外套的说法，它产生的时间是 1858 年，比礼服外套柴斯特稍晚，不过也经过了近 150 多年的锤炼，和柴斯特这种礼服外套可以平起平坐，同时它又是休闲化的，因为风雨衣是它的本色，它完全可以和堑壕外套、达夫尔外套这些个性化的休闲外套和平共处，有人称它为万能外套是由此而来。第二，巴尔玛肯在国际社会是最受推崇的外套，它几乎和西装外套（Suit）一样被社交界视为最具国际化的服装。第三，从功能上看，它虽然是以风雨衣的面貌存在的，为了弥补防寒的缺陷早在 1932 年就开发了可拆装防寒内胆的巴尔玛肯外套，到了冬季可装上防寒内胆，其他季节可以不装。这种多功能设计到 20 世纪 50 年代更加成熟，今天作为高品质的巴尔玛肯外套这种构造是它的重要特征之一。在结构上如果柴斯特外套作为装袖外套代表的话，巴尔玛肯便成为名副其实插肩袖外套的代表，它的良好功能和流线造型显示出时代的活力，著名的堑壕外套的形成和发展就是在巴尔玛肯的基础上一步一步走到今天的（1914 年至今），并成就了一个风雨外套家族，而它自身并没有因后来者的日异壮大慢慢退出历史舞台，它的古典韵味、简洁风范和务实精神似乎更加魅力无穷。

一、承载历史的经典

巴尔码肯外套极尽简洁的外形，和它原始雨衣的功能设计有关，为此它创造了多个服装经典的造型符号。如可开关的巴尔领（Bal collar）、有良好防雨功能的暗门襟（Fly front）、使用方便且排水良好的插肩袖（Raglan sleeve）等。而它的名字跟功能没有一点关系，表现出很深的英国传统。

（一）巴尔玛肯的由来与披肩外套

最早的巴尔玛肯外套是用领子命名的，现在用它简称的叫法"Bal coat"，有"关门领外套"的意思。它是从法语 Soutiencl 解释而来，是指中世纪西欧流行的一种有高领座的关门领，后来被称为拿破仑领。这种领本来是按关门领设计的，但在使用时敞开的时候更多，可开关领就是由此而来，可以说，拿破仑领是巴尔领的前身。拿破仑领敞开的时候更多，于是敞开的状态便成为它的造型习惯，但由于它的领台很高敞开时不平伏，这时就出现了领座从后到前逐渐减少的结构，使领子无论是闭合还是打开，造型都是平伏的，这是巴尔领和拿破仑领完全相反的造型特征，由于在功能上比传统领型有更多的优点而成为外套领型的主流。从这个意义上讲，巴尔领就出现了一种新的解释是19世纪初在英国使用的斯坦卡拉（Stand-full collor）的省略型，意思是大衣领，这种称谓是美国服饰用语大众化的结果。由于它容易和阿尔斯特翻领混淆，根据社交界的习惯（英国传统崇拜），人们更乐于用Bal（可开关领）这种更英国式的称谓，何况它本意也不是衣领的意思，是由于这种外套的领子很独特，去强调它的特征（图4-2）。

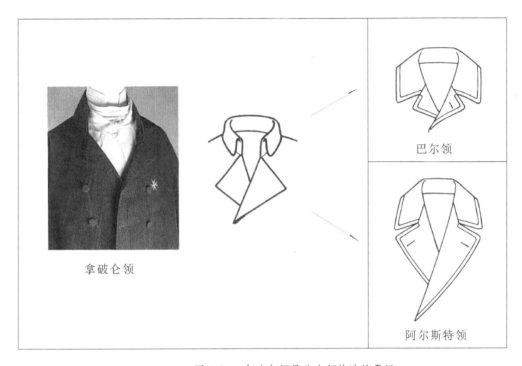

图4-2　拿破仑领是外套领构造的鼻祖

其实人们更钟情于巴尔玛肯来源于绅士文化的解释。巴尔（Bal）是巴尔玛肯（Balmacaan）的切割语，它是伦敦近郊巴尼斯小镇的地名，是19世纪50年代末当地男士穿的一种插肩袖、七分衣长的箱式雨衣，这就是巴尔玛肯外套名称的由来。当初对巴尔玛肯外套没有详细的文献记载，它的前身是一种苏格兰呢制作，外形是披风大下摆插肩式的风雨外套，这是1857年的事。到了1859年，以短披肩代替袖子，衣长到膝的披肩外套流行（Inverness）并成为19世纪男式的风尚。巴尔玛肯外套登场是在披风外套流行中间的1858年，这说明披风外套对巴尔玛肯外套形制的影响是决定性的。首先，披风外套本身就是为防风雨而设计的，1857年开始出现的插肩式结构，1859年出现的暗门襟实际是从披肩外套继承下来的。1920年，福尔摩斯那个年代，披肩外套和巴尔玛肯外套还是并行的，沿着这条路线一直走下来的，到了1930年的威尔士插肩外套（也称温莎外套）戛然而止，但披肩外套的古老基因还清晰可辨，这就是苏格兰格呢的标志性面料。由此可以判断，巴尔玛肯外套就是当时披风外套的简装版，或者当时的巴尔玛肯外套就是有披肩的，因为巴尔领、插肩袖和暗门襟这些重要的特征都是它们所共有的元素（图4-3）。当披肩成为累赘的时候，也是今天巴尔玛肯作为雨衣外套定型的时候，这和一种划时代面料的诞生有关，也是披肩外套所走的另一条路线并成为主流。

披肩外衣　　　　披肩外套（爱德华七世）　　威尔士插肩外套（温莎公爵）　　现代威尔士外套

图4-3　从披肩外套到威尔士外套

（二）华达呢使巴尔玛肯不拒绝任何面料

巴尔玛肯外套产生于19世纪50年代末，柴斯特外套出现在19世纪40年代中期，从时间上看也都处在披肩外套流行期范围内（披肩外套最早登场在1828年），它们受披肩外套的影响是显而易见的。例如，它们定型时的标志都是暗门襟，但巴尔玛肯外套从披肩外套中演变的更直接，更合情合理，可以说它们是在同类型范围的进化，而柴斯特外套的变化是借鉴了非同类的元素而已，主体是沿着帕洛特外套（收腰宽摆大衣）演进的，因为它们是同类型的外套。由此就形成了以巴尔玛肯为代表的四开身无省和以柴斯特为代表的六开身有省的两种外套板型的基本格局。这其中还有一个重要原因使两种外套自立门户，柴斯特外套是在防寒的基础上发展成礼服外套的，呢绒织物是它的主体面料，它高贵的身价，自然成为礼服外套的物质条件，披肩外套的苏格兰粗呢只有在巴尔玛肯外套中才能发挥它应有的作用（主要是防风作用），随着巴尔玛肯真正成为雨衣外套的时候，使防雨面料发生了一次革命，华达呢的研制成功使巴尔玛肯外套进入了一个划时代的阶段，可以说这是巴尔玛肯外套现代化的开始。

这要归功于巴宝莉公司，1888年巴宝莉成功地研制出被称作华达呢的防雨布，取代了透气性能差的胶布，使巴尔玛肯开始步入一种风格讲究、功能良好的全天候外套时期。

其实华达呢诞生之初并没有马上使用在雨衣上，可以说是华达呢和胶布并存的时期，橡胶布作为专门的防雨布一直沿用到20世纪50年代。华达呢这种面料因为它颇具优雅的外观，通过增加精细羊毛纤维的密度达到一定的防水作用，后来为了完善华达呢这一功能，在织物表面涂一些防水涂层，使防水性更接近橡胶布的指标，透气性却远远超出橡胶布。这种面料的革新最终使巴尔玛肯外套脱离雨衣这种纯工具化的服装，而进入具有社交意义的公务和职业化经典外套的行列。因此，巴尔玛肯除了使用华达呢以及华达呢风格的面料之外，几乎对所有的面料都不拒绝，由此建立起以面料性能决定用途的全天候巴尔玛肯外套的大家族。通常情况，我们可以认定毛或棉华达呢巴尔玛肯外套为标准版，水洗布或人造织物的巴尔玛肯外套为简装版或休闲版。毛呢织物的巴尔玛肯外套为礼服版或视为出行外套。这种面料使用的灵活性是任何一种外套都不能与之相比，使巴尔玛肯风格产生无限的想象和设计空间，这正是现代绅士追求的新古典主义的典范（图4-4）。

呢绒巴尔玛肯外套　　　　　　　　　　棉华达呢巴尔玛肯外套

图4-4　不同质地的面料产生不同用途和风格的巴尔玛肯外套

（三）土黄色历史积淀的贵族身份

巴尔玛肯外套的标准色为土黄色，这似乎和波鲁外套的驼色标准不谋而合，至少它们都处在同色系。最初它们并没有使用同一类面料，为什么到今天在颜色上走到了一起？作为巴尔玛肯雨衣外套在男装的历史中，始终沿着一个独立的演进路线，从现代开始它成为全天候外套，是因为外部条件和内在因素，巴尔玛肯外套比其他外套更适合如气候、防寒技术和手段的改变，而防寒外套的适应性变得越来越有限（防寒手段越来越先进所致）。在构造上巴尔玛肯外套可以增加防寒内袒，这样一来，巴尔玛肯便可以大显身手。在颜色传统上在绅士看来尊重它的历史是最重要的，伦敦这个阴雨化的古都又是"制造"绅士的城市，巴尔玛肯所有的防雨功能和胶布的土黄色便成为绅士外套的准则。从现实的观点来看，外套是绅士的重要标志之一，但休闲化的趋势已不可阻挡，换句话说，传统中属于休闲外套的巴尔玛肯升级为礼服外套是情理之中的（今天已经成为事实），它的一切构成元素就跟着升级，土黄色既然是它的标准色，礼服外套也不拒绝它与黑色、深蓝色和平共处。耐人寻味的是特别在乎社交品质的绅士不会放过每一个可能发生的细节变化，防雨布这种朴素质地和带有临时性的面料，是不能被礼服的优雅和贵族气所接受的，因此就出现了比土黄色更深沉的驼色羊绒的巴尔玛肯。因此，驼色系的柴斯特、波鲁和巴尔玛肯都可以作为职业化的礼服外套，同时也增加了多元化的选择，这使传统的绅士概念有了崭新的诠释，即"后古典主义"。

然而，我们并不能因此忘记巴尔玛肯外套为什么固守它的土黄色标准，这就是男士装束收藏历史的魅力。作为披肩外套以外的雨衣外套早在维多利亚时代初始阶段的 1830 年就很成熟了，当时叫玛克特什（Mackintosh）是雨衣外套的传统叫法，它用橡胶布制作，橡胶那种固有的土黄色很自然就成了雨衣的标准色。1888 年巴宝莉研制出华达呢防雨布普遍采用驼色也是模仿胶布的土黄色而来，这就是今天经典卡其色的历史渊源。由于华达呢的防水功效远不能达到橡胶布的效果，因此用华达呢制造的外套通常作为日常和小雨天兼用，胶布雨衣仍作为真正的雨具和巴尔玛肯并存，这意味着土黄色成为这种外套的主导色。到了 20 世纪初，一种叫作斯力克（Slicker）的雨衣外套出现，它是由乘船雨衣名称而来，产生于美国，因最早用土黄色胶布制造，在美国有"黄色斯力克"的叫法，后来被英国船务词典收录，可见土黄色在历史上就是风雨外套的惯用色。

1914 年，华达呢良好的透气性且轻便耐用在恶劣的环境之中使风雨外套的功能大大提升，巴宝莉公司针对华达呢这些特性在巴尔玛肯的基础上设计制造出了世纪之作——堑壕外套，同样它所保持的土黄色传统，奠定了这种外套在用色上的权威。这期间美国贵族的广泛使用起到了催化剂的作用,而迅速向世界主流社会推广。美国社会"崇英"现象由来已久,20世纪初成了美国的时尚,他们把"土黄色"视为"归英"的符号。这种情形在美国东部常青藤名校联盟①非常盛行,因此穿土黄色的巴尔玛肯外套几乎成了新贵的标志。到了20世纪二三十年代,土黄色巴尔玛肯大流行,1938年土黄色作为巴尔玛肯外套的标准色被确立下来,又通过第二次世界大战英国军用外套的洗礼,特别被英国上层社会的重视,即使是英国首相丘吉尔也会把它作为常服使用,这一方面拉近了与下层士兵的距离,而振奋士气,另一方面奠定了由土黄色为标志的巴尔玛肯外套的贵族身份(图4-5)。

图4-5 第二次世界大战中英国首相丘吉尔穿着土黄色巴尔玛肯外套成为它的标志性语言

二、巴尔玛肯外套构造的密码

巴尔玛肯作为全天候外套(All weather coat)并不是象征意义上的,正因为它具有这些功能才得到这个殊荣。它在元素构成上稍加调整,就可以在中性外套的基础上变成礼服外套或休闲外套。在结构上可以适应从冬季到夏季的气候,从晴天到雨雪天也都有相应的部件设计和组合空间,这种完善的构造是经过了两次世界大战的考验,在1954年被固定下来,时至今日,这种构造标准件已成为高品质巴尔玛肯外套的标识。

(一)巴尔玛肯外套"标准件"考究

依据THE DRESS CODE(国际着装规则)所钦定的服装,试图改变它们的标准

---

①在美国东部集中了全美乃至世界的名牌大学,这里聚集了美国大部分的贵族和贵族子弟。因此常青藤联盟实际就是贵族联盟。因为美国贵族的教育是沿袭了英国的传统,在装束上"崇英"便成为这个联盟的基本准则,由于美国综合国力的迅速崛起,对世界产生了巨大的影响力,这个准则便有了国际性。

件是不明智的，特别对初道者或外套这个类型。巴尔玛外套的每个标准件都堪称经典（图4-6）。

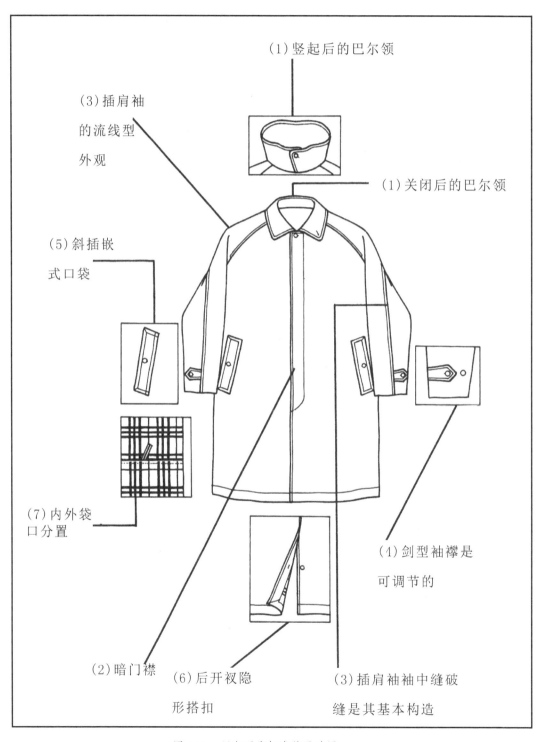

图4-6　巴尔玛肯标准件及功用

1. 巴尔领

最初的设计是为关门领考虑的（防风雨），但在实际应用中，风和雨通常是阵时性的，再加上巴尔玛肯逐渐脱离单一的防雨工具而变成典型的公务外套，敞开领便成为它的惯常形式，所以今天一般按敞领的工艺处理，但它原始的"关门"功能仍在保留以应对暂时的风雨侵袭。左领角的扣眼和右领角背面的纽扣就是为此考虑，当领子竖起来时两个领角通过连接对颈部和脸颊起保护作用，在英国仍习惯叫它斯坦卡拉（Stand-fall collor），即竖领外套之意。其实这种标准件在现代绅士看来，与其说是为防风雨而保留，不如说是暗示拥有者装束的地道和考究，因为它的使用概率实在有限，如图4-6（1）所示。

2. 暗门襟

一般它与单排扣共生，防风雨主要用在夏、春、秋季，防寒的功能要让位于它们，这样单排扣会很方便。暗门襟使扣眼隐蔽以防止雨水通过扣眼进入。同时，巴尔领的关门结构在前领口处的领座慢慢消失，因此关闭领子时是通过门襟（搭门）扣合实现的，由于该扣位扣眼距离门襟领口很近（2cm左右），采用暗扣设计手指不能进入操纵，这就形成了巴尔玛肯暗门襟首粒扣为明扣的独特构造，如图4-6（2）所示。

3. 插肩袖

作为风雨外套它有两个基本功能。它和装袖在结构上不同，插肩袖的结构线是顺着手臂进出方向设计的，所以穿脱障碍很小；同时它的流线形外观使雨水不易停留而起到防水的目的，如图4-6（3）所示。插肩袖分大小袖三片和前后袖两片的两种板型，前者为较合体的板式，后者为较宽松的板式，根据外套休闲化的趋势，前后袖两片插肩袖板型更普遍。

4. 剑型袖襻

它是被固定在袖口处的袖中缝上，剑型为标准型，也有设计成梯形的。它的功能是为调节袖口紧松度而设计的，这就需要设计成活襻扣对应的调节扣，需要将袖口收紧时，如防风雨进入将活襻固有的扣解开拉紧袖口，再和调节扣扣好这个功能就实现了。这就提示我们识别真正巴尔玛肯品质的标准之一，剑型袖襻的设计是否真实，如图4-6（4）所示。

5. 附扣式斜插口袋

它和一般的斜插口袋不同，它具有防雨功能又可以里、外使用的复合型口袋。历史上大衣的防雨披肩退出历史舞台后，口袋是水平状的。为了防雨在口袋上边加装袋盖，这种形制在柴斯特外套、阿尔斯特外套中成为礼服外套的专属符号，可以说柴斯特外套这种暗门襟和加袋盖口袋的组合就是雨衣初期的一种形制被保存了下来。但是，这种口袋用起来很不方便，按照今天的设计标准就是缺少人体工学的要素，去掉袋盖同时变成斜插袋的设计，显然是对使用方便的考虑，为了提高防雨的功效在嵌口布上加装纽扣，这是巴尔玛肯口袋设计的独到之处。另外它还有一种巴尔玛肯专属功能，从外表看和普通斜插口袋没有什么不同，但袋口和内口袋分置设计，将雨水隔离，再加上可拆装的内袒装置又可在冬季使用，这种功能主义和简约精神结合的天衣无缝只有在巴尔玛肯外套中才能体味其中的奥妙，如图4-6（5）所示。

6. 后开衩隐形搭扣

后开衩是所有外套不可缺少的，是为下肢活动方便而设计，作为雨衣外套后开衩会产生副作用，就是防雨效率下降。如何兼顾运动和防雨的双重功能，这就是后开衩隐形搭扣设计的初衷，雨天时可以扣好减少雨的侵入，平时可以打开保持下摆足够的活动量。隐形搭扣的扣眼是隐蔽的（防雨水进入），这一细节的处理很不起眼，但它渗透着男装对功能和简约的不懈追求。

7. 前门襟也有隐形搭襻

前暗门襟末端的纽扣离下摆还有一大段距离，它同样有后开衩使腿部便于运动的作用。但对防雨防风不利，暗门襟末端到下摆蔽开的这段中间设一暗搭拌的功用与后开衩隐形搭扣的设计思想有异曲同工之妙。

由此可见，准确地判断和识别巴尔玛肯外套，不仅要看其"标准件"设计形式要素的"合适度"，还要看它有没有保存其原始功能，而后者更具可靠性。

（二）巴尔玛肯外套防寒内袒独领风骚

巴尔玛肯外套本不具有防寒功能，增加防寒功能它便成为名副其实的全天候外套了。其主要的手段是在常规风雨外套构造的基础上增加一个可拆装的毛织物内袒，当然，采用呢绒面料的巴尔玛肯是不需要的。这样一来，从面料到里料、内袒料的组合就很有讲究了。这里提供的"黄金组合"是值得行业和理论界重视的。面料采用浅驼色棉华达呢表面加有防水涂层，里子采用苏格兰格子平纹细棉布，内袒面料采用苏格兰格呢。这其中的关键词——浅驼色、棉华达呢、苏格兰格细布、苏格兰格呢足以说明"崇英"和"尚雅"的渗透力，这样的黄金组合在外套中成为一种雅士番制的指引（图4-7）。

可拆装的苏格兰格呢内衦是巴尔玛肯外套最具特色的地方，后来延伸到与它有"亲兄弟"之称的堑壕外套上。内衦的作用在夏、春、秋季不使用时拆下，在冬季使用时装上。内衦的构造通过领口连通两襟内侧过面（贴边）接缝处装上拉链的"子牙"，和内衦对应的位置装上拉链的"母牙"使之产生可拆装功能。内衦不设袖子。在肩背部覆合一层美丽绸衬里，使外套穿脱时与内层服装接触不滞涩。在内衦对应外口袋的位置做斜开口，由于外套斜插嵌式口袋的袋口和口袋采用分置处理，因此，就可以通过内衦对应的开口进入同一个口袋，这就是巴尔玛肯外套所谓的内外共用口袋。内衦在后开衩处做倒 U 字形开衩，长度与外套后开衩相似以保证后开衩的原有功用。最后将内衦的袖孔、袋口和下摆的毛边用美丽绸滚边包覆。这种外简内繁的设计在巴尔玛肯内衦的处理上达到了登峰造极的程度且独领风骚。

图 4-7　巴尔玛肯外套防寒内衦独领风骚

（三）巴尔玛肯外套裁剪的历史信息

当代的巴尔玛肯外套是从古老的英国披肩外套发展而来，从今天巴尔玛肯外套的板型结构仍能发现它的影子，如宽摆直线简化的四开身结构、插肩式袖型、暗门襟等，这些也都迎合了现代"舒闲"的生活方式。历史中无论是披风还是披肩大衣，由于阔摆的原因在结构线的处理上都不可能采用收腰的形式，直线裁剪的生命力到今天才真正发挥出来。这一传统被巴尔玛肯外套继承了下来，当然在结构线的分配上仍具有外套板型的普遍特征，即四开身直线型（图4-8）。这种板型就是男装历史中著名的"三缝裁剪"，它在1899年确立后被视为外套理想的裁剪，时至今日在礼服、套装和外套这些经典的服装中都以此作为基本板式。外套的所有板式几乎都是由此派生的，如四开身收腰型、四开身直线型、六开身收腰型等。四开身直线型是巴尔玛肯外套的典型特征，这是由它的宽摆箱式的外观造型所决定的，它一般不涉及X型外观（收腰宽摆），所以曲线和收腰省在巴尔玛肯板型中是多余的。

巴尔玛肯外套板型的另一个特点就是它的插肩袖结构。它分两个类型，即大小袖三片式和前后两片式。前者为三缝袖结构适合较合体的袖型；后者为两缝袖结构适合较宽松的袖型。但它们有一个共同特点，无论是三缝袖还是两缝袖，袖中缝的结构线是永远保留的，从结构的合理性来看，正是这条线的造型机理才会形成整个插肩袖充满流线型而内涵丰富的独特韵味，无中线的插肩袖只能在很宽松的运动类服装结构中实现（如针织运动衫），因此，巴尔玛肯有中缝插肩袖板型最具外套的典型性。

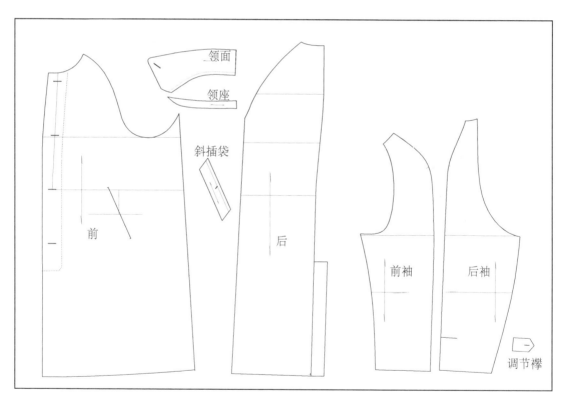

图4-8　巴尔玛肯外套的标准板型

三、巴尔玛肯外套的自由空间

巴尔玛肯外套在风格上最具可融性，这是因为它的"中性"特征对各种设计元素具有"亲和力"。外套总是要和套装组合使用的，不太紧身的"箱型"裁剪、插肩袖结构最适合，这些特点正是巴尔玛肯在长期的实践中确立的。

传统的巴尔玛肯外套设计都是围绕着防雨防风展开的，它所形成的全部造型元素也都跟防风雨有关，久而久之这种功能主义的表象和务实精神便成为经典外套的标签。作为绅士他们不会无视它的存在而成为优雅的典范。被誉为仿生学集大成的堑壕外套就是把巴尔玛肯外套所有的元素发展到了极致而造就了风雨外套的第二个高峰（巴尔玛肯为第一个高峰）。正因为它保存了外套最优良的功能信息和特质，它的包容性和吸纳量是任何一种外套也不能与之相比的，这一点使它成为万能外套是名副其实的，在社交风格上也提示我们，它不拒绝包括面料、款式和色彩的任何元素。

（一）介于巴尔玛肯和堑壕外套之间

巴尔玛肯和堑壕外套有着亲缘关系被视为"亲兄弟"，说明它们有传承关系，如它们使用的面料相同，都采用插肩袖，领形都是可开关领，既便是不相同也会发现它们具有共生的"基因"。历史上证明，堑壕外套是在巴尔玛肯外套的基础上提高实战功能的设计派生的，将巴尔玛肯外套原有的功能加以完善和延伸，如单排扣变成双排扣（封闭性更好）、从无领台巴尔领变成有领台拿破仑领（护颈）、无盖变成有盖斜插袋（防雨）、敞式后开衩变成封闭式（防雨和风沙）等。同时增加了野战必要的部件设计，如防雨补丁、活肩襻、D环腰带、袖带等，这样从原有巴尔玛肯外套的经典元素派生出堑壕外套的新经典元素。因此，在造型设计上，巴尔玛肯和堑壕外套之间的语言往来完全是畅通无阻的，这就出现了许多巴尔玛肯和堑壕外套之间的风格样式，它们的设计法则不外乎在巴尔玛肯和堑壕外套之间作加法或减法，这几乎成为奢侈品牌开发风衣外套的套路秘籍（图4-9）。

（二）朴素面料的运用

在选择卡其布、水洗布、防雨布这些朴素的面料时，巴尔玛肯外套更倾向于休闲风格，堑壕外套的元素会多一些，如领样、肩襻等，这意味着它不能作为礼服外套。

非风雨外套的元素在巴尔玛肯设计中一般没有禁忌，值得注意的是要符合设计的整体风格和预计用途（偏礼服或休闲）。例如插肩袖是巴尔玛肯的标准件，也是休闲外套的常规符号，装袖则是柴斯特外套的标准件，也是礼服的语言。当巴尔玛肯外套设计时运用装袖形式，就不能原封不动地照搬，要在板型及工艺上采用休闲化的技术处理，这样整体上从功能到风格变得浑然一体（图4-10）。

标准堑壕外套做减法　　标准巴尔玛肯外套做加法

图4-9　在巴尔玛肯和堑壕外套之间

图4-10　朴素面料使巴尔玛肯外套变成完全的休闲风格

如果面料中有暗格纹理，要采用更接近巴尔玛肯外套的简洁风格，否则部件元素越多就会与格纹结合会造成杂乱感，但并不意味着不能产生新意，这种新意应使容易琐碎的格纹变得整齐划一（图4-11）。其实，重要的是在巴尔玛肯外套中使用苏格兰格呢面料是为了纪念一个人，他就是温莎公爵，这种历史上称作是"威尔士风格外套"面料朴素优雅尚存。

图4-11　暗格面料的巴尔玛肯外套要规整大于零碎

（三）让巴尔玛肯外套变成贵族的面料

巴尔玛肯向多功能外套延伸体现了它"后巴尔玛肯时代"的价值。因此，它不仅在休闲外套的领域中占有重要位置，在现代礼服外套中大有与柴斯特外套平起平坐之势。这其中的重要原因是它在"简洁"这个礼服通则上，不亚于柴斯特外套。在服装实用化的大趋势中，拘谨的柴斯特甘拜下风。巴尔玛肯外套有足够的适应空间迎合这一潮流，这符合现代男士一服多用的心态。但是，在面料的使用上，巴尔玛肯固有的防雨布、棉华达呢无论如何也不能和讲究的礼服外套相抗衡，高等级呢绒面料的选择便成为巴尔玛肯外套的新概念，使巴尔玛肯理念向礼服外套、讲究的出行外套延伸，值得注意的是在形式上要尽可能简洁，由于防雨外套向礼服外套或出访外套角色的转换，它原有功能的细节要被省略掉，同时要增加和变换它所倾向外套（如礼服外套）的元素。

图 4-12 中的礼服外套的设计是个很成功的例子。它采用高级的深灰色粗纺人字呢，粗犷的面料质地不适合采用传统的柴斯特样式，巴尔玛肯理念便派上用场，巴尔领暗门襟主导着设计，口袋采用柴斯特外套的标准件（有袋盖的挖袋设计）。袖型采用装袖和插肩袖之间的包肩袖造型，这种礼服外套自然风格的味道在正式的气质上虽不如正统的柴斯特外套，但自然高雅的个性情趣更能创造社交的新范示。

图 4-12　高等呢绒让巴尔玛肯成为礼服外套

用驼色羊绒面料设计巴尔玛肯外套是个非常讲究和易于推广的方案，因为驼色是整个外套家族的主流色，羊绒面料使外套的档次提升，在造型上采用巴尔玛肯最本色的设计，使羊绒的质感凸显出来，其实这是巴尔玛肯的一贯精神。羊绒的加入使巴尔玛肯外套的整体有所提升，它完全可以作为正式的出行外套使用，如果采用深蓝或黑色作为正式礼服外套完全可以视为品位犹存的柴斯特外套风格版（图 4-13）。

当然，粗纺呢的选择也是巴尔玛肯外套惯用的设计手法，但一般不作为礼服外套去开发，作为防寒的出行外套是再合适不过的。图 4-14 案例采用的是苏格兰格呢，这个前提，对我们来讲，是否掌握足够的历史知识和驾驭这些知识的能力是一个考验。1936 年出现过威尔士插肩外套，也叫作温莎格外套，由于它在很多方面具有叛逆性和非常规性而昙花一现。其中温沙格即指苏格兰呢，当我们面前看到这种风格的面料时，至少要想倒"英国风格",这是明智的。其次,能不能驾驭这些知识,要看对威尔士外套了解多少,如它的构成要素、用途、风格特点等,还要看如何把这些知识和社交有机的结合。巴尔玛肯和威尔士外套从古至今都是非正式外套、在造型上都是较宽松的箱式风格,在构成形式上相同,如插肩袖、斜插嵌式口袋等。不同的是威尔士外套采用了单排扣戗驳领、门襟以明扣为主。因此,在巴尔玛肯外套设计中,与威尔士外套相同的被保留下来,在领子设计上强化巴尔领特征,使巴尔玛肯概念更加稳固。这种明扣设计带有威尔士外套痕迹又符合粗呢面料的工艺要求而被充分利用。这种历史和现实、人文和功用结合得天衣无缝、自然天成。

图 4-13　羊绒巴尔玛肯成为游刃有余的礼服外套

图 4-14　苏格兰格呢威尔士风格巴尔玛肯外套的标志

第五章

经历战争洗礼的堑壕外套

男装的历史就是实用主义的历史，引领实用主义历史的服装就是外套，外套的实用主义集大成者便是堑壕服。因为，堑壕外套中每一个细节都充满着对生命敬畏的人文关怀，承载着风雨洗礼、战火锤炼的历史信息，它更像一种思念、一种象征，就是一个小小的部件都会勾起那段难忘历史的情丝，男人们不仅要悉心地呵护它们，甚至某个地方改动一点都会被抛弃（不被绅士们接受），因为他们不希望这种历史传承被弄断。堑壕外套的每一个极尽实用主义的元素都堪称经典，而创造这些奇迹伴随着英国两家古老公司的发展史。

一、堑壕外套与两家古老的英国公司

大名鼎鼎的堑壕外套，风风雨雨 100 年（1914 年）走到今天，有谁会想到它伴随着伦敦有百年历史的两家公司的恩恩怨怨，堑壕服几乎见证了它们历史的每一刻。这两家公司都从事着同一个事业，领导人一代一代地更迭，永恒不变的是他们创造的外套经典。它们都没有彼此被对方打败，它们都成功了，而且成功的那么持久，这是为什么？他们甚至成为经济学家研究的对象。其实这种较量早在 19 世纪中叶就开始了，而这种较量并不是外套，而是防水布。

伦敦的阴雨气候决定了英国绅士装具的构成特色，如雨伞就是他们社交的必备用具，尽管天气阳光明媚，这个传统一直沿用到今天，甚至成为经典社交的规则（图 5-1）。当然雨衣也成了他们的日常服装，在英国人看来，雨衣与其说是防雨的专属品，不如说是社交的道具，无疑这促进了防雨布的研制和发展。最早的防雨布大概是苏格兰胶布（Inverness）①，它是采用两层布之间加入橡胶的方法加工而成，这是 1823 年研制成功的，这种胶布在雨衣中使用了相当长的一段时间，包括 1800 年到 1830 年英国的摄政时代为雨衣的初始阶段。1836 年以后进入维多利亚时代叫斯力克（Slicker）②，这是因为它常用在乘船雨衣上而得名，加入橡胶仍然是它防水的主要手段。由于它与披肩外套相比缺少都市化和贵族气而不被社交界重视，不过它那散发着橡胶气味的土黄色却成了后来绅士们公务外套的标志（巴尔玛肯的标准色）。

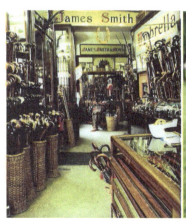

图 5-1 雨具是英国绅士的必备品

---

① Inverness 就是 19 世纪五六十年代流行的披肩外套，也可以说它是"前巴尔玛肯时代"，堑壕外套就是"后巴尔玛肯时代"。
② Slicker 就是 20 世纪初在美国产生的黄色斯力克乘船雨衣，看来它的源头也在英国。

（一）阿库阿斯从战争发端由王室推动的品牌

19世纪50年代伊始阿库阿斯库达姆（Aquascutum）的出现改变了雨衣外套的走向。1851年，在海德公司举办的博览会上，阿库阿斯[①]公司的创始人约翰·埃莫瑞（Tohn Emary）认为这是千载难逢的好机会，就在伦敦梅法阿中心的摄政大街[②]上开设了据说是第一家绅士裁缝店。

由于他对绅士服饰的专业化经营和不失时机地推出高级时装，在很短的时间内阿库阿斯就成为当时伦敦最响亮和时尚的绅士店。其实，使其成为永久性的绅士品牌，是他们对伦敦贵族生活方式的准确把握并着手当时从来没有人做过的尝试，即防水羊毛织物的研制。1853年该公司利用柔软的天然纤维研制成功了优于传统胶布的防水面料，这在当时称得上是新技术材料。Aquascutum这个词在拉丁文里的意思是"防水"，阿库阿斯库达姆作为品牌的名字便由此产生，这个商标读音十分复杂且很古老，他们有更深远的考虑，这就是公司决心将其打造出气派非凡，保有古典风范的永久性品牌。公司也正式以阿库阿斯库达姆的名字注册成立了。时至今日，阿库阿斯成了质量和典雅品牌的代名词。

阿库阿斯的发展时期正是战事频频的年代，而正是战争造就了这样一个伟大的品牌。1854年克里亚战争爆发，阿库阿斯公司把刚研制成功的防水羊毛面料制成英军野战大衣，迎战俄国军队，此时已是发明缝纫机（1845年）之后不到10年，使外套规模生产成为可能，为英军对抗恶劣天气，阿库阿斯外套成为有效的武器，后来在战争中作为英军堑壕外服大显身手，阿库阿斯的名字从摄政大道的时尚社区走向了战场，经过战争的洗礼，它又征服了包括皇室在内的上层社会，最终成为年青绅士的标志。

皇室成员对于任何一个英国品牌来说都是最重要的客户，这是自然而然的。阿库阿斯幸运地得到爱德华七世和威尔士王子这两代皇族的青睐，他们定购由这种神奇防水布制成的大衣和披风昭示国人，大英帝国的皇家也是推动时尚进步的一股重要力量。在1897年，阿库阿斯公司赢得了它的第一个皇室奖，之后，分别在1911年、1920年、1949年、1952年又获得了4次。这足以奠定了阿库阿斯品牌的贵族地位，也成为经营羊毛防水织物的国际性权威机构。

然而，从现代科学的指标衡量阿库阿斯研制的防水羊毛面料，与其说是防雨布，不如说是有一点防雨功能的毛织物，因此，这种面料主要用在防寒外套中，当时的雨

---

①阿库阿斯，第一个创造野战外套的公司，后来和巴宝莉成为英军被服的主要供应商。
②摄政大街是英国上流社会的活动中心，也是摄政时代（1800~1830年）沿袭下来的，一直以来是贵族阶层演义社交规范的场所。阿库阿斯的绅士裁缝店就坐落在这条大街的46-48号。

衣外套面料仍以油布和橡胶布为主（图5-2），用天然织物创造真正意义上的防雨布的却是它的对手巴宝莉公司。

图5-2　20世纪初油布和橡胶布广告

（二）华达呢奠定了巴宝莉堑壕外套的世纪经典

如何取得雨天和平时兼顾的面料，这在英国上层社会是盼望已久的，而阿库阿斯公司并没有根本解决，巴宝莉公司后来者居上，成功地研制成具有划时代的防雨织物华达呢（Cotton GabarDine），这要归功于它的创始人托马斯·巴宝莉（Thomas Burberry）。

巴宝莉，1835年出生于英国的苏塞克斯，开创事业时只有21岁，他早年曾在经营衣料的商店里当学徒，他勤奋好学所获得的经验使他毕生受用。在学徒时由于他喜欢运动，又是个创新不绝的人，费尽心思设计了一些穿起来美观舒适又便于从事户外活动的实用服装。当时他设计的爬山服、射击服、马球服、高尔夫服、航海服等，按今天的眼光看也是很到位的。因此，巴宝莉被誉为当代户外服（Outdoor）的鼻祖。其实更具有里程碑式的贡献是制造了堑壕外套的经典。巴宝莉公司1856年在英国汉普敦郡的温彻斯特大街成立之时首推的就是风雨外套，到今天锤炼了将近一个半世纪仍旧光彩照人，一种服装竟然保有150年的生命力这确实是个谜，这其中有个最值得研究的地方，就是华达呢的诞生奠定了它长久不衰的物质源泉。

巴宝莉1888年成功地研制出了不同胶布或油布，利用天然纤维加工的防水面料。他把细羊毛作原料，加大制造密度，发挥羊毛由于气温差和湿度改变所产生纤维或伸或缩的机理，当湿度上升时，纤维膨胀，织物密度加大，使本来密度很大的织物更加紧密，纤维之间的超细空隙完全达到隔水的要求，再加上羊毛纤维固有的阻水性，形成水滴长时间不内渗的效果，而它的透气性、柔韧性是胶布、油布不能相比的，成为不仅雨天可以使用，而且具有夏季凉爽、冬季温暖的全天候理想大衣面料，于是人们就把这种防水面料命名为"巴宝莉大衣呢",这就是后来世界驰名、经久不衰的华达呢。

这位托马斯·巴宝莉发挥科学而新奇的想象开发出来的华达呢大衣,在第一次世界大战中由于战壕的步兵试穿,从面料到全部的部件设计,表现出的良好功效迎得广泛认可。在1914年布尔战斗中,英国军官们也纷纷穿起了巴宝莉公司专制的风雨外套,据估计,在第一次世界大战期间有50多万英国官兵都是穿华达呢大衣,几乎成了第一次世界大战时期的制服,堑壕外套(Trench Coat)及其附属的部件便由此诞生,并成为绅士外套经久不衰的经典。由于战线的不断扩大,堑壕服用量增加,阿库阿斯公司也加入进来,制造出两个公司两款风格的堑壕外套,华达呢的成果是否由两家公司共享也未可知,但并肩作战却成为佳话(图5-3)。这两家公司保持个性的相互竞争,战争又使他们并肩作战去经营而名利双收。今天看来,这叫作双赢的竞争与合作营销战略,这种模式在今后100多年的发展中就始终没有停止过,这或许就是它们可以长久不衰的秘诀。

图5-3　第一次世界大战期间阿库阿斯与巴宝莉(右图为二战巴宝莉堑壕外套的电影作品)两家公司的堑壕外套广告

(三)"经营战争"

今天堑壕外套成了绅士外套的经典,是因为它在男装历史中有着独一无二的地位,特别是它在两次世界大战中为英军立下了汗马功劳,也使巴宝莉公司和阿库阿斯公司名声大噪,并在社会形象和政治生命上加了一个重重的砝码,也给它们带来了滚滚财源。对于这段堑壕服和战争息息相关的历史,谁也不会怠慢,也是后来两家公司商业争夺的焦点。

阿库阿斯公司老总科尼斯·特姆讯就胸有成竹地坚信，在第一次世界大战中最活跃的堑壕服非本公司莫属。它的竞争对手巴宝莉公司的老总 S•T• 皮克也不示弱，强调第一次世界大战中我公司的制品是一流的。作为公司的首脑，在商业竞争中当然出言就要有咄咄逼人的气势，成功的企业领导人都会这样作，重要的是他们也都知道咄咄逼人的背后就是脚踏实地这个基本道理。因此，这种"宿命"的共生竞争意识是在长期的实践中培养出来的优良传统。战争使他们无法摆脱，必须共同"经营战争"才能共同生存。

19世纪中叶阿库阿斯在克里亚战争中诞生的野战外套开创了堑壕服的先河，到了第一次世界大战巴宝莉显然继承了阿库阿斯的传统，华达呢的诞生也不会一点不受它的对手有相当市场的防水羊毛面料成果的影响而完成了堑壕外套的不朽之作。阿库阿斯外套的加入也一定会利用华达呢这种当时野战性能最优良的面料。这种即竞争又合作的好处他们都心知肚明，到了第二次世界大战成了英军普遍使用的军服，两家公司也异常活跃，当时出现了棉质防雨布（棉华达呢）制成的堑壕外套，这对于行军打仗、防风防雨战事来说又提高了很大的优势，但在实践中它的防雨和防寒持久性问题暴露了出来。1914年，阿库阿斯公司设计了可以拆装的防寒衬里，使堑壕服具有了全天候外套的基本功能，这种构造后来又被借鉴到巴尔玛肯外套中（1954年）。如此全新的概念又完善丰富了堑壕外套，并颠覆了传统的呢子大衣。这种"互通有无"的设计（经营）理念在巴宝莉公司也毫无顾忌地重复着，其实，这已经成为他们共同的财富，也是人类共同的财富，因为一提到堑壕外套，只想到它那独特的外观，细致入微的设计，而创造它们的公司变得不那么重要了。重要的是它近乎完美的设计，关注的是人的生命，而不是战争的胜败，战争造就了堑壕服，也造就了崇尚人文关怀的两家公司，正因如此巴宝莉和阿库阿斯是创造服装功能最棒的公司，它们所打造的经典战后不仅没有被抛弃而更加大放异彩，被英国绅士们定格为出行外套的潇洒标准，巴宝莉和阿库阿斯具有永久品质的堑壕外套也被时尚界誉为堑壕外套的两个经典版本。

（四）保存"传统"

对待传统两家公司不变的是，"传统是公司的生命"，英国传统精神是它的核心价值，但他们对"传统"都有独特的诠释。

巴宝莉的商标上用拉丁语写着"PRORSUM"，意思是"向前看"。托马斯·巴宝莉不是以商人的视角，而是以科学家的眼光打造他的品牌，这样出来的产品才是可靠的，有生命力的，才不被历史所淘汰，这是英国人务实的传统。因此，他永不局限于现状，但他永远是寻求创造"新经典"的开拓者。我们从任何全新的巴宝莉产品中永远不会缺少这种传统，而你永远感受到她的清新，且能够舒服地享受她。在现今的国际服装市场中巴宝莉与其说是一个品牌，不如说是一种生活方式，而这种生活方式不要误认为通常理解的"先锋派"，而是以时尚的方式保存传统，选择了巴宝莉意味着选择了优雅的时尚，这几乎成为现代绅士的标志。

　　通常来说，阿库阿斯把功能主义的传统之路让给了巴宝莉，功能是不以人的意志而转移，巴宝莉固守的就是稳定的功能样式，尽管人们不再去用它而存在记忆里，正因如此，这种"功能样式"便成为"古典样式"，因此，巴宝莉版堑壕外套的风格一旦确立再也不会有太多的变化，寻求在历史年代中创造永生的可能性和凝固的效果，所要开发的是新型材料和制造技术。阿库阿斯寻求的是年轻人的理性主义，它把能够合并的功能就合并起来，不追求功能的极端化，但符合年青绅士对功能集约化追求。在它的产品中很少看到象巴宝莉那样全部保存着古老元素的英国款式，但它从不以牺牲功能为代价，也不会以颠覆传统来取乐那些投其所好的人，应该有的元素都能破译出传统的信息，在他看来尊重传统是严肃的，创造传统也是严肃的，这一点阿库阿斯比巴宝莉显得更加灵动和真实（图5-4）。巴宝莉简称为巴派，阿库阿斯简称为阿派。我们虽然不能停留于已过去的传统，但是传统总是与现时相联系，千万不要忘记，正是现在产生着新的传统。巴宝莉在堑壕外套的面料上产生了一次变革创新，是阿库阿斯使它产生新的生活概念，这一切都是从巴尔玛肯继承下来的。巴尔玛肯又来源于防雨的披肩外套。看来，我们每走一小步都要依赖一个着力点，否则，创新就会因为没有源泉而稍纵即逝。

(1) 右肩挡雨布纽扣和搭门共用是阿派风格
(2) 右肩挡雨布纽扣独立设计是巴派风格
(3) 整体简洁是阿派的理念
(4) 堑壕外套的每一个元素无一缺失和惯用的苏格兰格手包无疑判断这是巴宝莉品牌
(5) 防雨披肩采用直线型是阿派特点

图5-4　解读巴派和阿派不同传统的堑壕外套

（五）丸善派和壶番馆派的启示

在亚洲不折不扣地继承巴派和阿派传统的当属日本，最具代表性的是丸善派和壶番馆派。

很早以前，日本就引进了英国制作的堑壕服，不过它基本是拿来主义的。巴宝莉将东京日本桥的丸善做为总代理店，大正时代（1912~1926）的时髦人士总是爱光顾丸善，享受着英国纯正的奶油芳香。当时，巴宝莉的堑壕服为大多数文化人士所钟爱，这一批人被称为丸善绅士。

坐落在银座的壶番馆洋装店与此不同，它售出的是简约风格的阿库阿斯大衣，面料都采用棉质的华达呢，店铺的古雅气派，当你推开厚重的大门时，立刻有一种紧张感，它的顾客多是君主卫士（英国派的年轻绅士），那种感觉很像置身于伦敦萨维尔街[①]（Savile row）的味道，这一批人被称为壶番馆派。

在日本从大正到昭和初年可以说是经过明治维新后的第一个黄金时代，在服装上引进 THE DRESS CODE 就相当于全面系统地学习西方所带给日本巨大的成功一样。这个时期代表性的欧美文化时髦人士大致可分为巴宝莉派的丸善绅士和阿库阿斯派的壶番馆绅士，前者的堑壕外套内衬里的苏格兰格子是不会没有的，后者简洁而内外一体的堑壕外套几乎是阿派的翻版。时至今天，日本的丸派和壶派甚至比英国的巴派和阿派保存的还纯正地道，不知道这是我国时尚界和男士们应该学习的还是应该放弃的？

二、巴派和阿派的细节

堑壕外套具有最棒的功能和高性能的面料而创造出独具个性化的外套经典，然而，巴宝莉派和阿库阿斯派又有不同的解读，总的来讲巴派选择的是固守传统的路线；阿派选择的是简约路线，这使我们迫不及待地想知道它们的每一个细节。

无论是巴派还是阿派，因为它们都是作为堑壕外套而产生的，构造元素的共通性是显而易见的，如双搭门、拿破仑翻领、插肩袖、肩背挡雨布、肩襻、袖带、腰带、防雨斜插袋、箱式后开衩等，这些细节无论那派都极尽保存之能事，生怕失掉了由历

[①]萨维尔街是伦敦一流的绅士服店铺集中的街道，几乎全世界的绅士都以此为标准而被视为沙比鲁罗风格 (Sanle row look)。

史信息所演变的正宗、地道的贵族血统，不过既然有派之分，它们在细节上总要遵循各自的造型美学。通常情况，巴派对传统元素的保留更加纯粹，阿派更加概念化，前者对每个细节的出处力求准确无误，这不免让那些崇英派染上循规蹈矩的毛病。在市场上无论是传统派（巴派）还是简约派（阿派）它们都是各有自己的份额，在样式上，它们之间的固有元素并不固定，互通没有任何禁忌，这是它们在长期的竞争中留下的默契，相互借鉴才有双赢，相互封闭才会两败俱伤，因此堑壕外套的"传统派"（巴派和阿派元素兼有）也大行其道。不过我们还是要知道两派的区别究竟是什么，否则堑壕外套的基本语言规律就无法搞清楚。

1. 拿破仑领和颈部防护襻

从领子的构造上看，拿破仑领两派完全相同而颈部防护拌差异较大。巴宝莉为可拆装式，它是一个倒三角形，有皮带扣和纽扣装置，需要防护（风、雨、雪、寒）时，把翻领竖起，扣上领座上的风系钩，再把隐藏在翻领后边的防护襻移至前领接缝处，用皮带扣固定，不用时再放回原处，翻领复原后防护襻呈隐蔽状态。

阿库阿斯不配单独的防护襻，是在左翻领角上夹缝一个方形扣襻，使用时和右翻领角背面的纽扣连接，仍可以起到颈部防护作用又很简洁。用现代的观点来看，在这一点上阿派大有取代巴派的趋势，因为简约以成为不可阻挡的时尚潮流。因此，在巴派中也常用阿派连领襻的设计，如图5-5（1）所示。

2. 右肩挡雨布

右肩挡雨布设计具有防止左右来袭风雨的功能。男装搭门习惯为左襟搭右襟，当门襟和领子全部封闭时，从身体左边来的风和雨会被挡在外边，而右边的风雨会通过左襟的缝隙进入，为解决这个问题就在右襟肩部设计一个可以和左襟连接的挡雨布，当左襟关蔽时，将其驳领角插入右襟上边的挡雨布内侧并与其间的暗扣连接，这就形成了具有左右防风雨功能的复合型搭门构造。因为男装习惯于左襟搭右襟，只在右肩上设挡雨布便成为堑壕外套的惯例（挡雨布设在左肩上会成为笑柄）。巴派和阿派的区别是，前者右肩挡雨布功能更加明显并与门襟扣分置设计；后者挡雨布与左襟胸部搭扣共用，如图5-5（2）所示。

3. 防雨披肩

背部防雨披肩在肩背部形成悬浮设计，即披肩布与背部分离（上下层），上端固定在领口和左右插肩缝线上，当腰带收紧腰部时，使披肩与背部衣身空隙加大，这样雨水被有效地隔离在披肩以外。巴派披肩布的设计及尽完美的功效，在造型上它把披肩

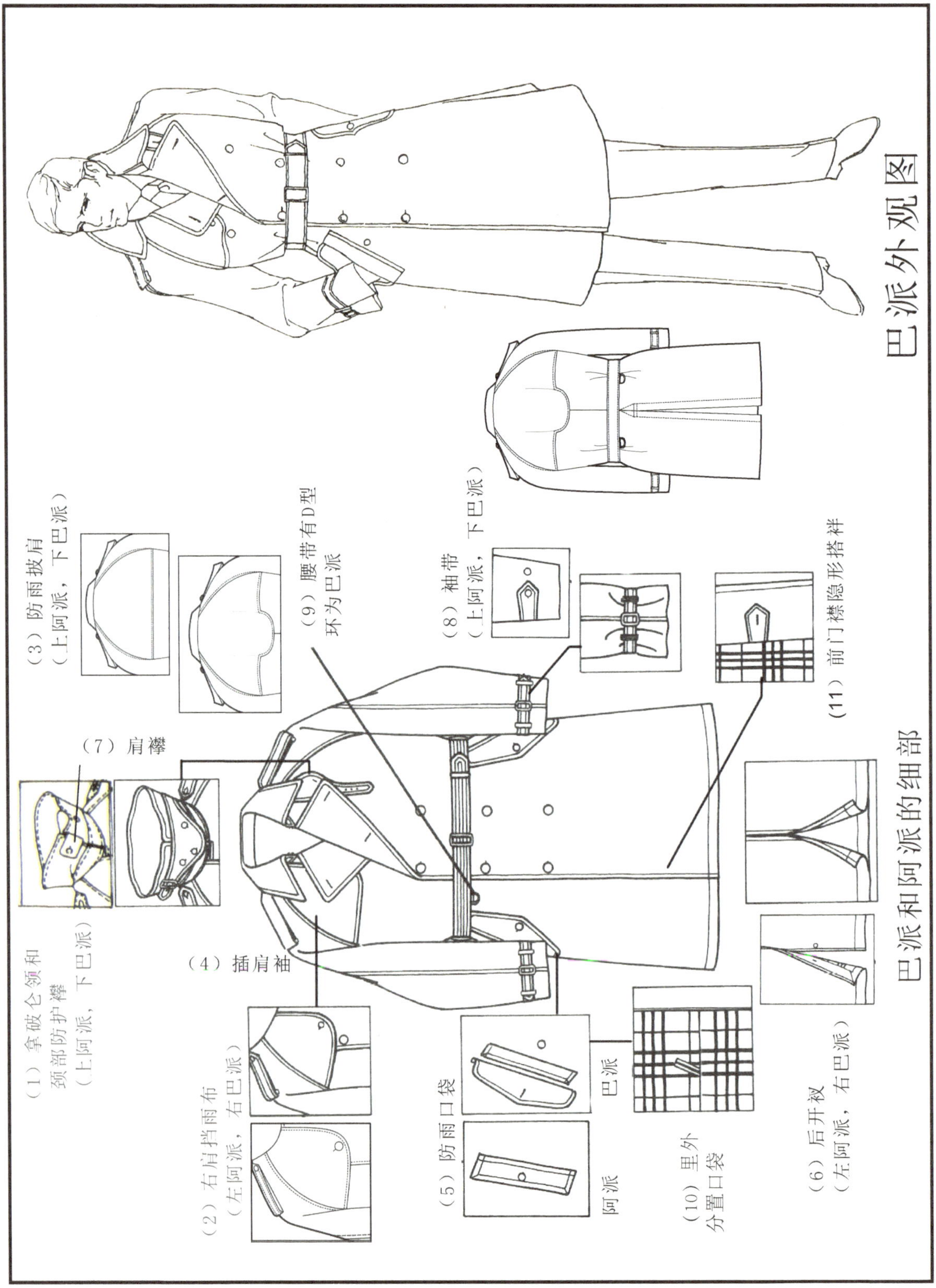

086 优雅绅士Ⅲ 外套

巴派外观图

巴派和阿派的细部

(1) 拿破仑领和颈部防护襻（上阿派，下巴派）
(2) 右肩挡雨布（左阿派，右巴派）
(3) 防雨披肩（上阿派，下巴派）
(4) 插肩袖
(5) 防雨口袋
(6) 后开衩（左阿派，右巴派）
(7) 肩襻
(8) 袖带（上阿派，下巴派）
(9) 腰带有D型环为巴派
(10) 里外分置口袋
(11) 前门襟隐形搭样

图5-5 堑壕外套巴派和阿派的"标准件"

布下摆设计成中间低两边高的波形线，这样会使雨水向空隙最大的中间快速流动已达到排水防渗透的最佳效果，据说这是由鸟羽毛的生理和外形的启发而来成为男装史中仿生学的典范。阿派防雨披肩的下摆为直线外形，甚至披肩布和背布用装饰缝线固定，当然这会降低它的防雨功效，但今天这些形式的象征意义远远大于它的实用意义，面料的使用大多数情况也不具有良好的防雨性（如水洗布等）。因此，今天绅士们固守这种几乎丧失了原始功能的元素，与其说是为防雨不如说是为了暗示什么，如图5-5（3）所示。

4. 插肩袖

　　插肩袖是巴派和阿派堑壕服的共同特点，早在克里亚战争的时候就被使用了。这是1853年伴随着防雨织物的诞生出现的，可见插肩袖结构具有强烈的功能目的，初创时是为了顺应手臂出入袖子的方向设计的，使用起来非常方便，它的流线造型也是排掉肩部雨水的最佳造型，因此，在雨衣上插肩袖的构造便是自然而然的了。这种对功能也是对传统的继承在堑壕外套中是最忠实的，这是因为这中间有血的代价，据说在克里亚战役中，英国将军拉格朗伯爵，考虑到肩部负伤的士兵们穿脱方便而设计成插肩袖型，可见巴派、阿派堑壕外套都不想轻易改变插肩袖的主体构造，说明它们不仅要重科学，更看重历史，因此它成为堑壕外套的标志，如图5-5（4）所示。

5. 防雨口袋

　　口袋设计为了有效地防止雨水进入，巴派在嵌式斜插袋的基础上增加了三角形袋盖，并在中间设一粒纽扣固定。阿派则把口袋盖省略掉了，其实它在保持着披肩外套斜插袋的传统，古代披肩很长，可以把口袋挡在里边雨水不会进入，当去掉披肩，口袋的防雨性自然会降低，阿派采用简单的解决办法，直接在嵌式口袋中间设封闭扣，当然防雨功效不如有袋盖的好，但在大多数无雨的天气它会很方便，外观更简洁，钟情于简约风格的绅士总会选择它，如图5-5（5）所示。

6. 后开衩

　　巴派和阿派后的开衩不同。巴派后开衩深至腰部，并采用箱式的封闭褶结构，它通过开衩嵌入上窄下宽的褶布，这样使腿部有足够的运动空间，同时因为褶是封闭的使雨水和风砂难以进入（参见后文裁剪图）。在箱式开衩的中间还设有暗襻扣，平时运动量小时可系上，外形也收敛，当运动量大时可以解开充分发挥它的作用。巴派后开衩也比较深，但它采用非封闭的重叠结构，中间设暗扣来调解它的防护和运动功能。可见阿派的简约思想延伸到有集约风格著称的巴尔玛肯外套中，如图5-5（6）所示。

7. 肩襻、袖带和腰带

　　肩襻、袖带和腰带的基本形制，巴派和阿派都有所保留。巴派这些部件均采用可拆装设计,这和野战有关,首先是便于清洗,最重要的是,危险时可以将它们拆下来连接成绳子。这些原创用途的设计巴派堑壕外套保持的更加纯粹,而阿派更趋于简洁和生活化。

可拆装肩襻结构和普通的不同,它是单独设计的,分上下两层大小头构成。装上去的时候,先将小头插入肩头位置的串带,另一端与纽扣扣好,然后把大头肩襻折翻和小头肩襻重叠再与同一个纽扣扣好形成双层肩襻。它的功能是为固定武装带的,如图5-5(7)所示。当然,简装版的普通肩襻形式多了起来这是大趋势,这倒使传统可拆装的肩襻更加珍贵,当多数人忘掉这段历史时,这种肩襻会帮助我们回忆这段历史。

袖带是通过卡头调节袖口的松紧来达到防护作用,为了使袖带固定在袖口合适的位置,它是和串带结合使用的,如图5-5(8)所示。简装版袖襻是固定在袖口上的,简洁使它大有取代袖带之势,这是阿派一贯的理念。

腰带在前后左右对应的位置各有一个D型铁环,它的功能主要是为携带水壶之类的东西而设,今天的绅士们绝不会全副武装地穿它,而这些今天看来毫无用处的部件情愿原汁原味地保存下来,这也许就是巴派风格生命力的所在,这也许就是绅士们维系社会集团的密码。而阿派对于D型环的态度却不那么情有独钟,它的存在取决于它在今天还有没有用,这很符合实用主义的年轻绅士们的意愿,如图5-5(9)所示。

我们从上述两派堑壕外套细部设计的区别来看,巴派保持着极尽功能化的历史信息,而阿派决不以牺牲历史的本色为代价去固守"功能主义"。无怪乎两派都有众多忠实于他们的顾客,因为他们鲜明的个性都有足够的说服力,何况他们都保持着绅士们最基本的传统文化底线。因此,两派的堑壕外套都得到了"前进中贵族"的美誉。

三、堑壕外套的工艺经典

在工艺上两派仍有区别。巴派为了达到既防雨又防寒的目的,加入了毛质(苏格兰格呢)内袒,采用可拆装式而成为全天候的堑壕外套。这种工艺在第二次世界大战中就开始使用了,20世纪50年代之后在巴尔玛肯外套中也广泛使用。这种复合型的工艺最初是阿库阿斯发明的,又是被阿派放弃的,这是因为阿派最后确立简约路线所致。在外观工艺上,巴派在尊重历史的基础上需要极尽深化的设计使外观处理要尽可能简化,故单明线是主要的表面工艺手段。而阿派外观简练实用的设计使其工艺处理要更加细腻耐看,因此阿派多采用双明线的技术手段。

(一)苏格兰格衬里

使用苏格兰格布(包括内袒苏格兰格呢)内里,应该说是巴宝莉派的传统和标志,由于它表现出纯正的不列颠气派和地道的英格兰贵族血统，而成为几乎全世界所称得上大牌绅士服的标签，阿派却有节制的使用，如它很少使用苏格兰格呢内胆。

格子在英国称 windows，是家族的象征，不同的格子代表不同的家族、村落和地域，例如爱尔兰格子总要低于苏格兰格。这是由于地域的因素决定的，苏格兰作为大不列颠本土，也就具有英国本土文化的主宰，而爱尔兰曾经是殖民地，更多的受本土文化的影响自身又地处在被支配的地位。英国人对种族的观念根深蒂固，最能体现这种民族性的当属苏格兰格子。因此，苏格兰格子便成为英国绅士的传统和典章，也为大多数的上层人士所推崇。托马斯·巴宝莉把苏格兰格子布作为堑壕外套的衬里是绝顶的创意，按时髦的话说，这是具有经济效益和社会效益，且保持可持续性发展战略的企业理念。因此，我们看到苏格兰格子在全球风靡的今天，在1924年作为雨衣的内里就开始使用了，它的使用使贵族的身份便一目了然，而在上层社会迅速推广，进而使做梦也想挤进上流社会的中产阶级也蠢蠢欲动，使苏格兰格子成了社会主流的一种标志。这中间巨大的经济回报是巴宝莉始料不及的，因此，1933年巴宝莉家族把苏格兰格子开始用在产品上，并以浅咖啡、灰、红和白色相间的格子为注册商标，但在使用上却是与时俱进的，最常用的是以驼色为主色调配有黑色、白色及红色的格子图案。经过巴宝莉70多年的经营，其实人们更多的不是记住巴宝莉这个品牌，而是英国文化的精神、绅士品行的睿智和英国服装的品质，这正是巴宝莉的伟大之处，这也是识别巴派和阿派堑壕外套的重要依据（图5-6、图5-7）。

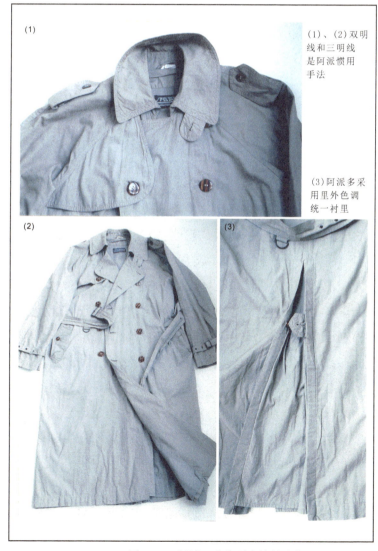

(1)、(2) 双明线和三明线是阿派惯用手法

(3) 阿派多采用里外色调统一衬里

图5-6　阿派工艺处理和衬里风格

(1)(2)(3) 巴派整体外观采用单明线
(2) 颈部防护襻不用时放到领背面
(3) 巴派D型环夹在腰带中
(4) 巴派堑壕外套整装效果
(5) 配装苏格兰格里是巴派重要特征

图 5-7　巴派工艺处理和苏格兰格子衬里

（二）堑壕外套的板型特点

堑壕外套的板型结构主体和巴尔玛肯外套相同，即四开身直线型。所不同的是堑壕外套的局部结构增加了必要的功能设计，并成为经典的技术样式，能够认识到堑壕外套的板型特点这一步，可谓是它的"发烧级"了。

首先，堑壕外套的拿破仑领和巴尔玛肯领虽然它们都有领座，但巴尔领座是隐形的，从后中起越靠前越少最后消失，因此巴尔领从正前方看是看不到领台的，在结构上这叫"香蕉领座"。拿破仑领是可以看到领台的，它是由完整的领座和领面构成的，相对巴尔领更有立体感功能更强。颈部防护襻要单独制板，这也是堑壕外套所特有的标准件（图5-8）。

在门襟处理上采用双搭门设计，需要注意的是前片的左门襟必须和右肩挡雨布结合制板，以达到左右搭门复合型结构，当然巴派或阿派考虑时，板式要有所区别，本板型为巴派风格，因此右肩挡雨布和左襟不采用共享纽扣而单独设计（见图5-7）。

后披肩制板是在后领口和两个插肩线之间进行。披肩的长度要超过袖窿底线，底摆线制成中间低两边高的波型线。

箱式后开衩，要单独制成上窄下宽的内褶布样板。插肩袖采用两片袖结构。可拆装式肩襻、袖带和腰带单独制板。口袋采用三角形袋盖的嵌式斜插袋制板。

四、堑壕外套材质之美与简约之风的社交智慧

堑壕外套无论是设计还是板型格式都属于巴尔玛肯外套系统,虽然在礼仪级别上,堑壕外套略低于巴尔玛肯外套,但在运用场合并无禁忌。如果说巴尔玛肯的准级别为常服外套的话,堑壕外套就是休闲化的常服外套,这样看来,它们的级差是非常有限的,因此通常社交界认为,巴尔玛肯外套和堑壕外套属同一级别,只是风格不同而已。前者表现为收敛和简洁,后者表现为张显和华丽。前者适合老成持重的性格,从事公

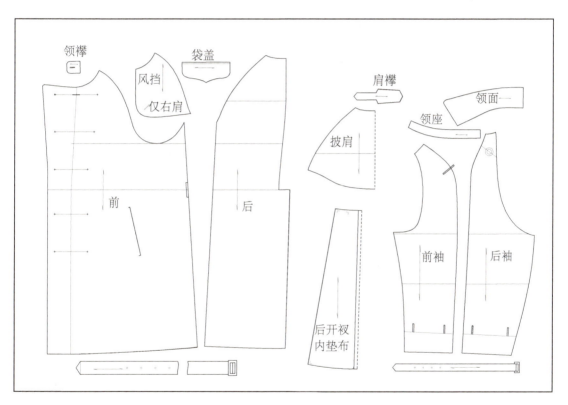

图 5-8　巴宝莉派堑壕外套的板型

务、研究型的人士,后者适合年轻激进的气质,从事外向型工作的人士,当然角色的转换也是完全可能的。因此,在设计上,巴尔玛肯和堑壕外套之间,利用款式、面料、色彩等元素的重组成为它们的主要设计方式而产生风格化的"概念设计"。当然,偏向于谁的元素越多谁的特点就越强,如果选择这两种外套以外的元素时,有"另类"的感觉,不过级别、面料特性越接近就越易融合。由此可见对于堑壕外套来讲,对材质的敏感性则表现出个人很细腻的社交取向与时尚感受。

一般说来,在个性设计中面料起着决定性作用,由它会影响到款式风格、板型格式和工艺特点。例如,厚重的面料就要尽量减少过多的细部设计;朴素的面料像水洗

布就不适合作造型感很强的礼服类服装,也不适合采用有明显曲线的贴身裁剪。柴斯特、阿而斯特、波鲁、巴尔玛肯、堑壕、达夫尔等这些在历史中定型的经典外套,正是它们固有面料的质地特点决定了它们的全部风格特征。波鲁和达夫尔外套为什么用贴口袋和尽量多的"外化"工艺,是因为它们所用面料很粗如驼毛、生羊毛粗纺呢,嵌式工艺的口袋会脱纱而降低牢度,而巴尔玛肯和堑壕外套惯用的华达呢则完全不用担心,

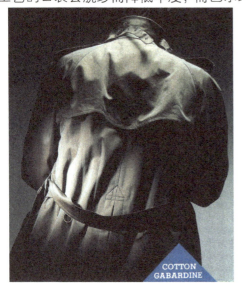 

图 5-9　堑壕外套(华达呢)材质之美　　　图 5-10　利用新型上胶混纺面料设计的堑壕外套

因为它们采用的面料是密度很高的精纺织物,施用嵌式挖袋工艺不会脱纱,贴口袋的设计也就与它们无缘了。这就是为什么一种材质对应着一种它最适合的风格而表现出一种最成功的材质之美的道理,因此,华达呢就是为堑壕外套而生的(图 5-9)。这种造型格式一旦确立,便成为一种专业习惯,因此审美习惯总是由它的功效为依据的,当我们运用它、拓展它的时候,往往忽略它们的原始依据,这就是我们在个性设计时每每缺少历史感的原因。

一种新型上胶混纺面料(COATING CLDTH),适合用来设计性能较多的堑壕外套,因为细密、朴素的质地,防雨涂层的处理,既有利于多部件的加工,又能发挥多功能元素的表现。值得注意的是,不要大刀阔斧地修改它原有的传统元素,因为面料本身已很有前卫感了。从图片的设计来看这件堑壕外套的总体风格简练,很有阿库阿斯派的味道,局部设计也有所体现,右肩挡雨布和门襟扣采用了共享设计。领型并没有采用拿破仑领而更像阿而斯特翻领,这一点最具概念设计。同时,在工艺上又有巴宝莉派的痕迹,采用单明线的表面处理,不过看上去比传统单明线更窄,更显得精致,这和它采用新型的超薄面料有关。由此,我们不难体验到,这一点一滴的变动和传统拉开了距离而产生耳目一新的感觉,但历史的信息并没有因此消失,这正是设计的高明之处,当然面料的朴素感和明显的实用性也会降低它的社交级别(图 5-10)。

即使采用传统的棉华达呢面料，在款式风格也趋于简约，这是时代发展的必然，同时又是丰富堑壕外套社交取向的智慧。如果把可拆装的肩襻、袖带变成一体设计，拿破仑领变成巴尔领，插肩袖换成装袖。显然，这些变化有提升堑壕外套级别的暗示，因为巴尔领、装袖等局部元素的级别都高于堑壕外套自身。在塔配上选择了黑色套装风格的布雷泽西装（BLAZER）有"职业化"提示。注意，苏格兰格子衬里的选择即有"尚英"的暗示又有历史感，此案例可以定义为"社交品位的创新"（图5-11）。

采用很考究的粗纺呢、人字呢之类的面料设计堑壕外套，从理论上讲并不适合，因为很厚重的面料不适宜在部件很多的堑壕外套上使用，这样外观显得臃肿，工艺处理比较困难，但这种可能性并不是没有，通常的处理手段是在造型上要更多地靠近部件少、外观简练的巴尔玛肯风格，当然级别也会比标准堑壕外套要高。在具体设计上，把能够去掉的都去掉，如肩襻、腰带、右肩挡雨布、后披肩等，整体造型采用巴尔玛肯单排扣暗门襟的形式。插肩袖、拿破仑领和可拆装式袖带保持了堑壕服固有的元素。再加上很纯正的鼠灰色调搭配黑色套装、汉堡礼帽，足可以判断这是一套社交表现很正式味道的堑壕外套。

根据"能够去掉的都去掉"原则，袖带是否可以去掉或简化成袖襻，从设计学的角度分析，它不仅需要保留，它的纯粹性（可拆装式）也不宜改变。根据简化的原则是容易做到的，去掉什么不去掉什么是充满专业智慧的。保留最具堑壕外套特点的拿破仑领和袖带就是这个道理。如果把袖带去掉，只剩下拿破仑领会缺少最后堑壕服元素的呼应；同时堑壕服元素过于孤立而会丧失它的基本品格。如果将可拆式袖带变成一体的袖襻设计，也会大大降低有拿破仑领主导的主体化味道。这种细腻概念的新古典主义运用很精彩（图5-12）。

图5-11　堑壕外套的简约设计有提升级别的暗示　　图5-12　粗呢堑壕外套的简约设计

第六章

达夫尔与休闲外套

今天的社会，远足、运动、旅游之类的休闲活动不仅成了时尚，它几乎成为现代人的一种生活方式。在我国双休日和节假日的增多，这种生活方式并不比发达国家来的晚，于是休闲服便大行其道，认识休闲的经典外套则是首先要做的事情。休闲外套具有良好的防寒功能和便于运动的特点，加之它起源于以英国文化为典型，寒冷而四季分明的欧洲，可以说外套在休闲服中占有半壁江山，然而，休闲外套和休闲服在理解上有所不同，外套（coat）所承载的历史信息远比其他服装要多，达夫尔外套虽然是休闲外套，但它比现存的任何一种外套的历史都久远，它的历史感，历史的厚重感决定了它在休闲外套中的经典地位。体育运动和休闲活动在欧洲是有传统的，特别是英国，像赛马、狩猎、高尔夫球赛等，这些很贵族化的体育运动，造就了休闲生活的一套"规则"，休闲外套的穿法与礼服的国际着装规则（THE DRESS CODE）同等重要。

一、休闲外套情景的准则判断

无论是公务、商务或者私人社交，从正式到休闲场合的着装，并不意味着规则越来越少。礼服强调的是礼节习俗规范的社交识别性，它是社会属性的集中体现；休闲服强调的是安全方便舒适为特征的娱乐社交识别性，它是自然属性的客观要求。"娱乐社交"随着社会的发展和科技进步，礼服和休闲服的界限越来越不明显，在条件适宜的时候，它们还进行着相互传化，不过这种转化通常情况是休闲服把礼服送进了历史。外套的历史就是从原属休闲服变成今天礼服的历史，今天的休闲外套也有可能变成明天的礼服外套，例如，原属常服的弗瑞克外套、燕尾服外套，都成为后来的正式礼服（前者为日间礼服，后者为晚礼服）。作为今天正式礼服外套的柴斯特，在19世纪末也只是绅士们日常使用的外套，它的命运是否被像巴尔玛肯、堑壕外套这些休闲风格的外套所取代，看来这还需要时间，不过我们从下面的两个有关外套的情景比较，可以更好地解读休闲外套和礼服外套不同的准则。

（一）礼服外套准则的判断

礼服外套崇尚的是社交语言的确定性，形式元素表现为逻辑严整、稳定、致雅；休闲外套追求的是功用语言的有效性，形式元素表现为真实、可靠、质朴。但是，这不意味着前者不能越雷池一步，后者可以我行我素。我们通过下面的实景描写能作怎样的判断？

"黄昏西照，乡间别墅前，一位身着塔士多，外罩配有黑色天鹅绒翻领的阿尔博特大衣的人，浓重的衣服中白色丝巾在余辉的映照下格外抢眼……"，这像是小说的描写，看似信手拈来，其实字里行间透着对讲究男人的了如指掌，足称得上有深厚绅士修养的小说描写。在这段描写的关键词中，我们可以准确无误地判断出主人的身份，此时此刻的行为目的。"黄昏西照"在社交界暗示着夜生活的开始，时间标志是"太阳落山"。"塔士多"是只穿在晚间正式社交场合的礼服，这无疑在提示读者主人公要去正式的晚会晚宴、观剧或参加晚上的仪式等。"黑色天鹅绒翻领阿尔博特大衣"有两个暗示，一是主人公一定穿的是盛装版的准柴斯特外套，因为只有这种外套才保持这种传统；二是崇尚英国文化的人或本来就是英国绅士，因为黑色天鹅绒翻领在柴斯特外套中可配也可不配，配黑色天鹅绒翻领的柴斯特外套有维多利亚时代贵族的风范[1]。"浓重的",习惯上指黑色或深蓝色,说明主人穿的是礼服,因为黑色或深蓝色是礼服的标准色。"白色丝巾"和"黑色天鹅绒"所揭示的内涵有异曲同工之妙,它们几乎是相伴相生的。这段描写情景没有提到礼服一词,更没有提到场合和级别,但我们可以通过服装的符号语言作出准确的判断,如果给它一个可靠的搭配格式,几乎可以用这样一个公式——塔士多 + 柴斯特 + 白丝巾 = 晚间正式的英派绅士,如果不是这个时间、这个目的和这类人准确无误的"装备"就不会产生这个公式,这就是 THE DRESS CODE 的魅力所在(图 6-1)。

图 6-1　柴斯特加上塔士多和白丝巾可以作出晚间优雅绅士着装的基本判断

(二)休闲外套准则的判断

休闲外套的情形是否会放弃这一切?根据 TPO 的原则它有完全不同于礼服规则的解释。礼服是由礼仪决定着它的形式和搭配的伦理,集体表象的满足是它的第一需要,它的社会性总是大于功能性。休闲服则是由实用目的决定了它的形式和"功用的伦理",性能表现的实效性是它的第一需要,它的功能性大于社会性,久而久之这种"功用的伦理"会变成审美习惯。因此,休闲外套会出现与礼服外套完全不同的情景,但它并没有丧失秩序,正因如此它才充满了活力。

---

[1] 在经典社交中"英国血统"的塔士多,对于高贵、优雅的绅士品质是具有指标性的,对它把握的精准和技巧,可以说是成功绅士的功课,也是国际社交的潜规则。

"山野浩大，秋林小路是游走的好去处，是亲近自然的好地方，结伴的年轻人总是在第一时间拥抱她们，与自然零距离的感觉真好。这对恋人一身达夫尔外套，男的驼色，女的黑色，运动帽、登山鞋像是长了翅膀把他载到了山野尽头……"。乍暖还寒的季节，要穿得保暖防风便于运动这只是生理上的需求，为什么这段美丽的描写选择了"达夫尔外套"？保暖防风便于运动的外套有多种多样，像防寒服各种性能指标恐怕要优于达夫尔外套，值得研究的是，在这种非专门化（生活化）休闲和相对一致作用的服装中，选择哪一种装束便成为评价一个人社交品位的重要因素，达夫尔外套的粗呢料连身帽稍短的衣长和独具个性的木棒扣（改良版用牛角、骨棒扣），不能说比其他休闲外套性能更好，重要的是只有达夫尔所承载的历史文化信息更丰富，更重要的是其中还夹杂着传奇的"英国故事"。因此，休闲服中在功能的前提下选择有没有历史感和英国基因，多少在影响着选择人的社会价值和格调趣味。可见，穿出历史感不仅是礼服外套的准则，也是休闲外套的准则。有无历史感是一层含意，历史感的深浅是第二层含意，有历史感比没有历史感、历史感的深厚比历史感浅薄的社会地位、个人修养、受教育程度等指标总是要高，但它们的前提必须是被THE DRESS CODE 钦定的（图6-2）。

图 6-2　最符合达夫尔装束的情景

二、达夫尔——休闲外套的经典

"既便是休闲外套也要穿出历史感"，这是给白领男士的忠告。在现代生活中仍很活跃的休闲外套有洛登外套、达夫尔外套、水手外套、剪绒外套、西班牙外套等，其中最有历史感的要属达夫尔外套了，也是最流行的一种，如果在冬季休闲场合中，最具绅士品格的装束，首选达夫尔外套是明智的。

为什么达夫尔最具休闲外套的典范？首先它有悠久的历史，既便在整个外套家族中，它也属于历史最久远的那一种。其次，社交界"崇英"意识具有主流地位，达夫尔诞生于比利时，而成为贵族的休闲外套却定型于英国。最后，它的造型元素独一无二，最具休闲品格，它的标志性元素已成为时装设计师保留的休闲语言，而这一切都跟达夫尔最初采用生羊毛粗纺呢有关。

（一）达夫尔和特殊工艺的麦尔登呢

单说达夫尔（Duffel），我们可以从男装专门的辞典中查到，是指厚重有手感的双面呢。这种双面呢可以说是为达夫尔外套而生，它是采用后加工技术把表层麦尔登呢（Melton）和苏格兰格呢复合在一起来增强呢料的保暖性，同时厚度大大增加无需挂里而形成达夫尔外套独特的包边工艺。表层麦尔登惯用的颜色是驼色，底层为同类色调的苏格兰格呢，显然，这是达夫尔外套在英国定型之后形成的风格，也和国际社交界"崇英"的倾向有关。当然，由于市场的多元化，多种风格和色调的达夫尔双面呢争奇斗艳（图6-3）。

(1)标准面料　(2)麦尔登呢和苏格兰格呢复合面料的达夫尔　(3)不同风格的双面呢达夫尔

图6-3　达夫尔标准双面呢

达夫尔名称原意来自织物的原产地比利时安德卫普市近郊的达夫尔小镇，最早出现在1677年，织物结构像麻袋片一样的生羊毛粗呢，完全不像今天这样用两种呢料复合到一起的双面呢。这种用粗毛条织造的厚呢就决定了达夫尔外套最初为什采用"粗麻绳套扣"这种独特的设计。从18世纪开始这种面料引入欧美各国，在法国叫摩尔登（Molleton），德国叫德菲尔（Duffel）。今天使用的英文Melton（麦尔登）一词就是从法语借鉴而来,德语的叫法（Duffel）还保持着达夫尔（Duffel）的发音。由此可见,达夫尔可以说是今天麦尔登的古语。今天的麦尔登在原料和织造技术上也不能与昔日的达夫尔同日而语,它不仅有毛纺、混纺,并在技术上通过缩绒起毛工艺,使织物结构紧密又有良好的触觉感,视觉上更加柔合成为冬季防寒外套首选的高级面料（图6-4）。

图6-4　达夫尔外套的粗犷风格和麦尔登的触觉感结合的天衣无缝

（二）达夫尔外套的平民身世

达夫尔外套从出现至今备受欢迎,今天它仍然在世界范围流行,它有如此大的征服力,其中最重要的原因就是它那粗犷而独特的设计,相反它的起源倒是平常的不能再平常了。最具代表性的说法是源于北欧挪威渔民的作业服,从达夫尔外套的形制看,确实保留着与渔业劳作有关的痕迹,如大过肩（肩为两层厚呢为杠渔网而设）、防风雨连体帽、麻绳套木扣等。后来被英军借用时也多在海军中作为防寒服,这种物以类聚的细节,在英国上层社会的礼规中是不会被忽略的。

达夫尔外套的起源还有两种说法,一种是说它发端于奥地利奇洛尔（Tirol）地区的农民作业服；另一种是奥地利法兰德尔（Flandre）地区饲羊的防寒外套,无论是哪种说法,有两点在学术界是有共识的。

第一,达夫尔（Duffel）以面料命名登场的时间是1684年,诞生初期也毫不例外地表现出达夫尔粗毛质地的原生色,与波鲁外套诞生时的驼毛色、雨衣胶反布诞生时的浅黄色不谋而合,由此奠定了今天驼色系成为外套标志色的历史依据。达夫尔诞生初期没有今天的款式可言,它的造型可能跟定型时的状态完全不同,由于它起源于平民服,历史又很久远,缺少这方面的文献记录。不过有另一种达夫尔起源的说法刚好界定了它在款式上的形成时间。一些人认为达夫尔起源于一款19世纪前半叶流行的带有绳结纽扣的波兰外套、解释连体帽时,认为是表示修士级别的象征。这些虽然带有附会的成分,也从另外角度说明,达夫尔外套的款式已经影响非常广了,换句话说,达夫尔外套款式的基本元素在19世纪初就定型了。

第二,达夫尔外套无论产生于渔民、农夫还是牧民的作业服,防寒劳作是构成达夫尔形制的基础，它的"标准件"魅力亦在于此，同时它出自劳动人民，而不是王宫贵族，这在外套家族的出身中可谓是最卑微的，而生命力最长，又是什么原因使它在上层社会有如此大的征服力？

（三）蒙哥马利将军使达夫尔改变了命运

达夫尔外套从诞生那天起就在欧洲北海周边国家①的渔民中世代相传着。这种劳动者穿着的身世，长期不被主流的上层社会所重视。因此，达夫尔经过了两个多世纪，在上流社会无声无息，成了被遗忘的角落。在男装历史中，达夫尔外套在20世纪初以前几乎没有它的踪迹，到了1939年第二次世界大战爆发，改变了达夫尔的命运，战争的残酷性突然使达夫尔外套的全部功能变得可亲可贵。由于它在面料、造型和每个细节的设计上都表现出良好的防寒、运动和作业的功效，在当时战争频发的年代还没有一种现成的服装与之相比（这恐怕就是渔民们长期和海事斗争的结晶），于是毫不犹豫地被英国海军北海勤务部队作为防寒服使用。后来，英国陆军元帅蒙哥马利将军非常喜欢，达夫尔便成了他惯用的防寒外套，配上贝蕾帽、高领毛衣和农夫穿的灯芯绒裤子，造就出了一个全新休闲的英国风尚，人称"约翰牛"（John Bull）。从此，绅士们情愿相信达夫尔诞生于英国，而把真正发源地的比利时、奥地利、挪威忘得一干二净。达夫尔外套在英军元帅蒙哥马利将军身上所显示出来的辉煌，改变了它卑微的出身，变成了贵族，而增加了绝对多的英国砝码，这才有了它在上流社会如此大的征服力（图6-5）。

图6-5　蒙哥马利使达夫尔外套变成了英国血统

达夫尔的英国化，使其加速了国际化的进程。现代版达夫尔风格的防寒服又从短外套基础上发展起来而成为大众化的防寒外套，当然其中的元素很复杂，有美国本土的阿拉斯加短外套的影子，也有巴尔玛肯外套的造型符号，有的是变异的元素，重要的是它集合了时代的风貌而创造了全新的美国式运动外套概念，达夫尔独特的造型语言功不可没（图6-6）。

---

①北海周边国家包括挪威、丹麦、德国、荷兰、比利时、法国、英国等。面料产生于比利时，达夫尔款式诞生于挪威，后来在英国普及，这些都跟北海文化圈有关。它们作为海上扩张的主要国家，对达夫尔的传播具有至关重要的作用。

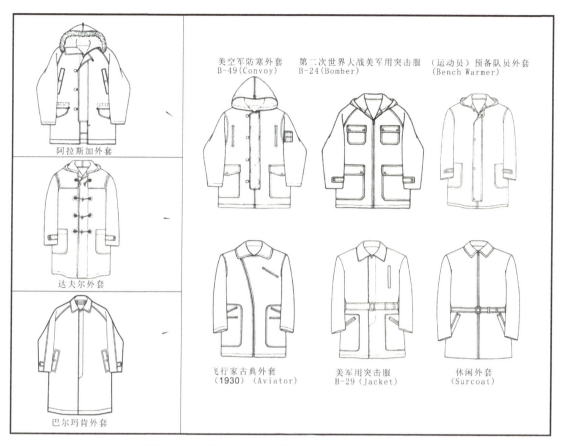

图 6-6 与达夫尔有血缘关系的防寒短外套

早在 1951 年,英国达夫尔外套的专门制造商古罗维欧鲁(Glove rall)公司创建,使达夫尔外套得己大众化和专门化。在法国,达夫尔很快深受知识分子和高校学生的喜爱,于是它成为大学里休闲服的标志,在美国常青藤名校中成为名副其实休闲外套的经典。

三、达夫尔外套至善、至美、至用的细节

今天,在冬季防寒服中,达夫尔外套有愈穿愈盛之势,特别是在年轻的知识界,这是因为以下几个因素:第一,达夫尔外套历史悠久;第二,300 多年来造就的达夫尔外套的每一个细节好像都是刚刚创造的那样清新,从未有过落伍之感;第三,达夫尔外套对冬季休闲的品格诠释的如此生动。而这一切的存在都是为了一个基本功能——御寒和作业(图 6-7)。

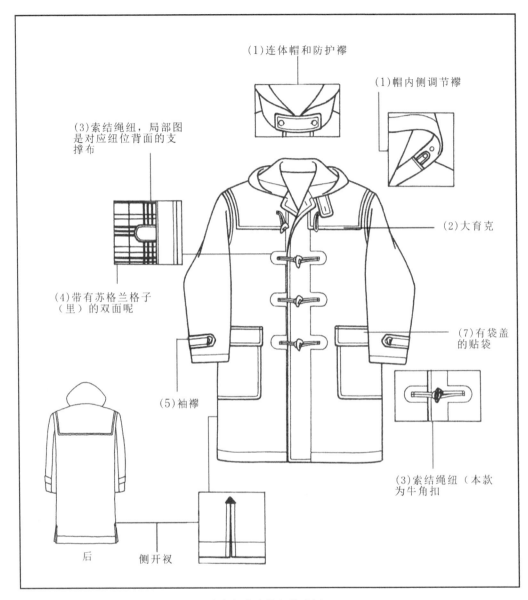

图 6-7　达夫尔外套的细部功用

1. 连体帽和防护襻

在外套中保留与衣身相连的防寒帽,达夫尔所独具(指在经典外套中),也说明作为防寒服的重要标志,它的防护功能是首要的,并不是表示什么修士级别,它的每一个部件设计都表现出实在功效。例如,帽子的内侧设有调节襻,通过它可以收紧帽口。在帽口和前颈的接合部设有可以拆装的防护襻(也采用和防寒帽一体设计),必要时封住前颈缺口防止风雪从下巴部位吹入,不用时将防护襻一端的纽扣解开移到帽子的旁侧固定,如图 6-7(1)所示。

2. 大育克

在衣身的肩部有一片过肩很深的大育克，它是在衣片的基础上覆加上去的，使本来厚重的呢料又增加了一层，显然这是为作业工人肩扛劳动的保护而设计的。它的结构分布，从胸部以上通过肩部到后背上端形成无肩缝的整体裁片，这对改善肩扛的舒适性和服装的耐久性是必要的。由此看来它已经成为休闲服的语言经典被传承着，如图6-7（2）所示。

3. 索结绳纽

达夫尔外套最具特色的就是前门襟的索结绳纽，也是被时尚界视为达夫尔生命的所在。最初采用索结绳纽构造时，跟T型台上诠释的时尚风格、个性表现没有一点关系，索结绳纽的形制是与当初惯用毛条平纹织造的厚重粗呢有关，为此不适合采用破坏性工艺，如挖孔、挖袋、嵌式工艺等，用麻绳（或皮条）作成套结用木头（或牛角骨类）制成棒状（或牛角状）纽扣钻孔，同样用麻绳（或皮条）串连，为加强牢度背面还要另覆支撑布，这样就构成了索结绳纽独一无二的造型语言，甚至人们完全认为它是一种时尚符号，而对它的原始功用忘得一干二净。今天常采用讲究的水牛角纽扣，更显得达夫尔品质的提升，因此，索结绳纽形式有木扣和牛角扣两个版本，如图6-7（3）所示。

4. 挖孔与皮丁

挖孔和皮丁都是为了锁固索结绳"毛头"的。皮丁锁固方法简单也是最古老的方法，它把绳套状的毛头一端用皮丁缝住，如图6-8所示。挖孔类似于锁眼工艺，是通过索结绳"毛头"插入孔中固定。挖袋嵌式的精细工艺是随着精纺面料的织造而诞生的。索结绳纽的原始工艺本来就是和尚未掌握这种精纺技术的粗呢结构共生的。值得思考的是，今天的麦尔登呢再也不是300多年前的麻袋片了，其织造工艺、手段和设备无所不能，先进的后整理技术使原料的品质大大提高，几乎在任何面料中挖孔（锁眼）、挖袋、嵌式工艺得以应用自如，但是，索结绳纽这种原生态风格在达夫尔中始终是初衷不改，可见它已成为人们值得永远守望的精神家园，如图6-7（3）所示。

5. 双面呢

麦尔登呢和苏格兰格呢复合的达夫尔双面呢是外套中绝无仅有的。由于防寒的目的，无论是纯毛还是混纺，以麦尔登为代表的织物都表现出厚实的特点，同时在它的背面复合一层苏格兰格呢，一方面加强了这个特点，另一方面继承了常服外套（包括巴尔玛肯、堑壕外套）惯用苏格兰格呢衬里的传统，使它的英国基因达到了无以复加的程度，这就是因为社交界更认可它的英国血统的原因。面料加厚了，苏格兰格呢充当了里子布，这在工艺上与挂里子的外套不同，没有了里子，毛边会暴露；呢料过厚，又不能按常规将毛边"扣光"①，这样会使本来厚实的呢料更厚，甚至根本无法加工。因此，所有的毛边只折一次甚至不折，暴露的毛边用绸料作滚边包覆处理，如帽口、袖口、下摆贴边等（图6-8）。这种特殊面料和对应的工艺处理，几乎成为达夫尔的专项技术，加上它历史的悠久和传奇故事，使其在绅士服中具有特殊地位，社交界甚至出现了"达夫尔俱乐部"。

图6-8　达夫尔双面呢的独特工艺

达夫尔的整体裁片采用了无后背缝的三开身直线结构，这也是休闲外套裁剪的典型特征（图6-9）。

四、四种个性鲜明的休闲外套

在休闲外套中由于达夫尔的传奇性和它特殊的历史地位，在社交界影响深远，也在公众中名声很大，流行甚广。其实这并不是绅士们希望看到的，因为，某种在上流社会惯用的服装样式，一旦大众化，会在品位上贬值。因此，在社交界往往把某种类型的服装创造出更多的变术，使之有更多的选择性。另外，在更高的社会阶层内部保持着相对隐秘的服装语素，这类服装尽管不那么被大众所知，但它的社交价值和它所

---

①扣光是服装工艺处理贴边、毛边的俗语。它一般是通过最少2次向里折边的方式再缉缝，使毛边完全裹在里边。双面呢料过厚，只能向里折边1次，毛边通过薄料滚边包覆。

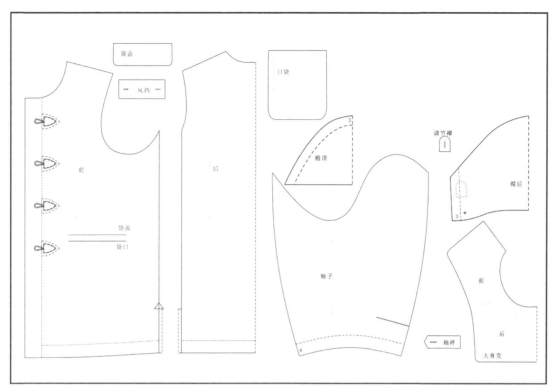

图 6-9　达夫尔外套裁片

传递的社交品格值得研究。例如洛登外套（Loden Coat）几乎无人所知，就是在绅士的休闲外套中也不能称其为主流，但它确实是经典，会穿这种外套的人可谓凤毛麟角，然而，当在社交中偶然发现它的时候，我们至少可以作这样的判断，能够驾驭洛登外套的人，一定具有非凡的服装修养，它所诠释的社交情景，也非同一般（图6-10）。因此，在休闲外套中，洛登外套、水手外套、剪绒外套和西班牙外套值得研究。

英女王和丈夫菲力普亲王　　　前联合国秘书长安南

图 6-10　洛登外套

（一）非主流却品格非凡的洛登外套

有关洛登外套的资料文献不多，这在一定程度上影响了它在国际社交界的流通，更难在大众市场中见到。不可思议的是洛登外套始终在整个绅士经典外套中占有一席之地，在社交界有特别的品格。

洛登外套作为都市化休闲外套登场是在 1890 年，欧美大流行是在 20 世纪开始之后，1960 年再度复活。洛登外套的全称叫洛登狩猎外套（Loden shooting coat），是19 世纪中后期一种传统的猎场用防寒外套，在奥地利贵族之间流行。这其间暗示着两个重要的信息：一是它属于休闲外套（猎场用）；二是狩猎服用外套称谓说明它有贵族的身份。洛登（Loden）一词是指由阿尔卑斯羊毛织造的绒呢面料，所以，人们总是把洛登呢和阿尔卑斯联系起来。今天的洛登呢有了很大改进，毛混纺都在使用，并通过拉毛的整理不仅具有良好的防水防寒性，对丛林树枝和荆棘有很好的抗破坏性。优质的洛登呢很轻，甚至水都可以将它托起，这种面料性能的改进，使狩猎旅行变得轻松愉快。洛登呢的颜色以橄榄绿、褐色为主（图 6-11）。

洛登外套款式的最大特点是，它虽采用装袖，但和普通装袖有所不同，"肩檐儿"的设计与工艺处理是洛登外套独一无二的，这可能和防雨有关。由于洛登呢较厚，肩檐儿变得硬挺，再加上三明线的固缝外理而成为它标志性的元素。这种有装饰效果的工艺在下摆重复使用，使得洛登外套的风格语言更加鲜明而独特，而经常被运用到相类似外套的设计中，暗示奢侈（图 6-12）。无独有偶，法国设计师皮尔·卡丹在 20 世纪六七十年代的代表作就巧妙地利用了这种语言，表现出他先锋派的理性特质，这也是他可以保持长久生命力的原因所在（图 6-13）。

巴尔领、斜插袋和袖襻设计基本沿

图 6-11　洛登呢与洛登外套

袭了巴尔玛肯外套的风格，可见，洛登外套除了防寒也有防雨的考虑。

洛登外套在裁剪上基本和达夫尔相同，采用三开身直线结构，不同的是达夫尔后身无中缝，洛登外套后中采用了垂直贯通的箱型褶处理，这说明洛登外套比达夫尔要长，需要下摆更大的活动空间，通褶的设计在外套中并不多见，它有运动的暗示（图6-14）。

图6-12　奢侈品牌洛登外套元素的运用

图6-13　皮尔·卡丹利用洛登外套元素设计的女装

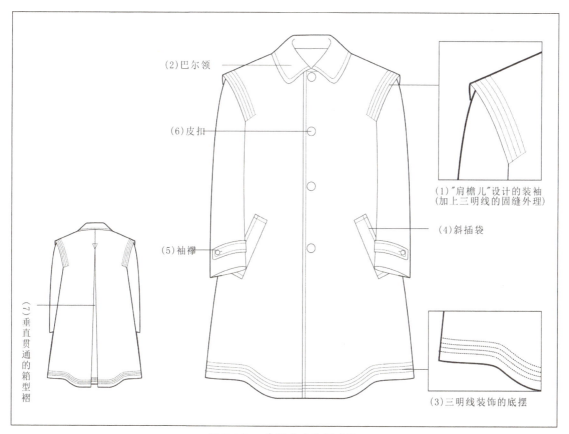

图6-14　洛登外套的标准件

在礼仪级别上，洛登外套比达夫尔要高，更接近巴尔玛肯外套的级别，因此，社交界常把它视为有个性的常服外套，实践中把它列为休闲外套，是与其出身于狩猎服有关，何况常服和休闲服外套在应用中并没有严格的界限，看来把它们理解为同一类型、不同风格取向更明智。

（二）影响深远的水手外套

对水手外套的了解很有限。它对当今很多类型的服装产生过较大的影响。据男装史专家考证，布雷泽（Blazer）家族，即职业套装家族（金属纽扣的西装均属此类），如果对其追根寻源的话，最终都汇集到了 1835 年的一种叫作水手夹克那里，日本的男装理论专家出石尚三先生形象地描绘成"布雷泽树"，其实它的主干就是我们现在还在使用的水手外套（图6-15）。由于它对套装（西服）影响更大，理论界往往把它划为西装的研究范畴。而水手外套本身属于休闲外套，它又是其中最短的那一种，有时人们对它的"外套和套装"的判断都很困难，这恐怕就是它有时叫作水手外套、有时叫作水手夹克两边摇摆的原因。

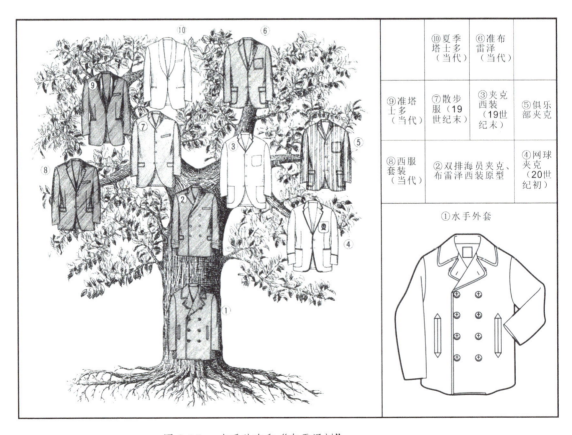

图 6-15　水手外套和"布雷泽树"

水手外套（Pea coat）首次作为时装推出是在 1835 年，此名称最初使用是在 1721 年，Pea 并不是水手之意，语源来自荷兰语，后英语化，"Pea"有粗呢绒的意思，这种粗呢夹克，后来用作领航员制服而叫作航员夹克（Pilot jacket），在航海中水手被普遍使用是 1860 年以后的事，水手外套的称谓也就从此开始了。后来它的用途开始向运动外套过渡，英语的"Pea"有棒球之意，加之它的衣长在外套中是最短的，人们就普遍将它当作休闲外套使用，但习惯上宁愿把它解释为水手外套，是因为这样会更有历史感。在裁剪上除了有休闲外套共同的特点外（三开身直线型），它的大翻领双排扣（6 粒或 8 粒）在休闲短外套中是不多见的[1]。值得注意的是，讲究的或真正表现了水手外套品质的标准色为藏蓝色，纽扣要选择带有航锚浮雕图案，且颜色要与衣身相同，口袋采用斜插袋（图 6-16）。

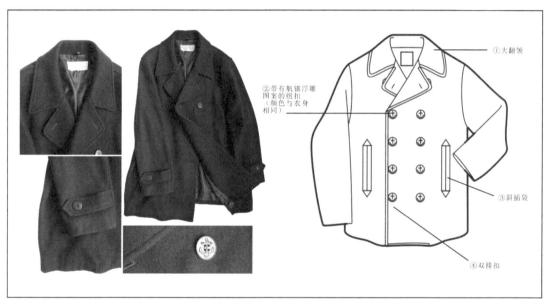

图 6-16　水手外套的细节

水手外套在礼仪级别上略低于达夫尔外套，这与它的衣长较短有关。它的基本元素，更具有礼服外套的特点，如双排扣、藏蓝色等，因此穿用时与达夫尔外套完全可以比肩而行，只是它更有一种崇尚运动和英国文化的社交取向，设计师也往往利用这些向好元素提高它的社交品位，将休闲外套变成更有历史感和职业化。伊·夫·圣洛朗在女装外套设计中就作过这样的成功尝试（图 6-17）。

---

[1] 一般设计规律，大翻领双排扣多用在较长的呢子大衣中，如阿尔斯特外套、不列颠外套、波鲁外套等，用在休闲短外套中恐怕只有水手外套了。

（三）最具本色的剪绒外套

剪绒外套（shearing coat）是用一整张羊皮制作的，绒毛面向里，革面向外。据考证，它最初是牧羊人穿的防寒外套，故牧羊外套（Ranch coat）是它的另一种叫法。这种一张羊皮简单加工的工艺，反映出牧民原始而纯朴的生活面貌，它毫无修饰的本色气质迎合了20世纪"功能主义"和"简约风尚"的来临。大约在1903年之后，剪绒外套作为时装推出，成了都市年轻人驾驶活篷跑车的防寒服，在欧美这种装束几乎成为先锋绅士的标志。李安"断背山"成功的银幕形象也说明了大导演对这种服装文化的驾驭能力（图6-18）。

这种百分之百本色的休闲外套被主流社会的年轻绅士们所认可恐怕是唯一的，它几乎没有任何附加材料，甚至宁可接缝露着毛边，也要保持羊毛皮的原生状态，这很像"唯结构主义"蓬皮杜艺术中心的建筑风格，也成为识别真假剪绒外套的标准。因此，追求本色和巧妙地利用皮张，使它的款式变得不那么重要了，巴尔领单排扣明门襟贴口袋是它的基本特点，一般采用装袖，前肩采用育克的裁剪，这主要考虑羊羔的皮张面积有限而采取的适应性设计，扣眼采用嵌式工艺也和张皮质料有关（图6-19）。

纯羊羔皮剪绒外套无论是加工技术、制造工艺还是原料价格都很高，为了迎合大众需求，出现了人造毛皮和纺织物复合的剪绒外套，当然这是剪绒外套的大众版（图6-20）。

图6-17　圣洛朗利用水手外套元素设计的女装职业外套

图6-18　电影《巴顿将军》《断背山》主人公剪绒外套的

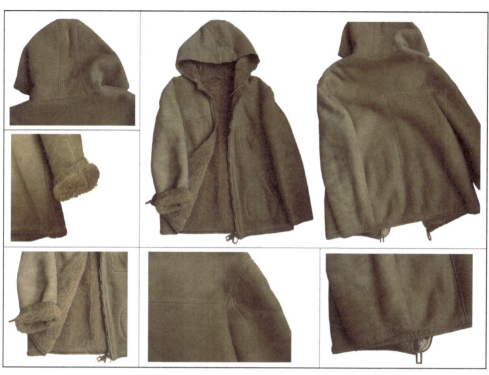

图 6-19　本色的剪绒外套

人造剪绒外套

图 6-20　剪绒外套的历史感和本色特质

图 6-21　西班牙外套

（四）西班牙外套朴素的经典

西班牙外套（Spring coat）在休闲外套中级别最低，这跟它运动服的出身和使用朴素的面料有关，但这并不影响它的独特性。正是因为所有的休闲外套都不如西班牙外套朴素而独树一帜，同样成为男装休闲服的经典。它还有另一种说法叫运动外套（Stadium coat），这跟它最早用于冬季竞技观战者有关，也称观战外套（goal coat）。在外套中有运动暗示的唯有西班牙外套，因此社交界常把它归为户外服。

西班牙外套最大的特点是采用编织罗纹制成的护耳领，领子不用时翻贴在肩上，领角有襻，需要保护时可以竖起领襻对接。面料采用各种绵织的灯芯绒，袖子的最大特色是包肩袖（图6-21）。

在休闲外套中，西班牙外套和剪绒外套无论是在社交情景，还是在造型特点上都很接近，因此，它们的设计元素经常被结合起来产生新的休闲概念。这种充满理性和实用的组合，不仅不会丧失品位，反而会提升其社交质素，这或许就是运动外套的生命所在。在西班牙外套和剪绒外套之间就会让休闲生活变得丰富多彩又充满品位。作品的肩型下摆、口袋的元素来自西班牙外套；它的领子和肩育克就有剪绒外套的痕迹（图6-22）。在任何设计和选择过程中都不要将传统的语言丧失殆尽，因为只有它才经过了历史的锤炼，历史的含量和真实决定着品位的高低与质量，即使很休闲的外套也是如此。

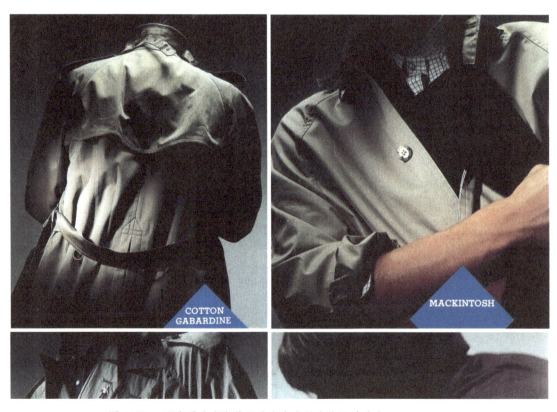

图6-22　西班牙外套和剪绒外套合成派生的运动外套

第七章

得体的外套

外套是绅士的最后守望者。作为设计者（包括销售商）由于利润的驱使总是要想改变已有的传统和习惯。那么，为了取得这个平衡，改变之前，就是先要知道这些传统和习惯本身所具有的价值，当你知道的时候，想改变的念头便烟消云散了。这就是为什么只有外套能够成为绅士最后守望者的原因。可见"程式化"也是设计者要提供得体外套的先决条件。针对得体外套的细节，面料的配伍规律是要特别考虑的；正确地选购知识是男士们要特别学习的；造型程式和TPO指标是得体外套品质的重要标志。

一、外套面料的理想和社交密约

外套面料的风格和造型习惯，多是由它原始功能决定的，它一旦成为 THE DRESS CODE 钦定的外套时，就表现出"不可逆性"，即高一级别的面料向下一级容易流动，相反就不容易流动。如巴尔玛肯外套的棉华达呢（斜纹棉布）不宜用在柴斯特外套中，而柴斯特外套常用的海力蒙（人字呢）就可以用在巴尔玛肯外套中，这是因为柴斯特外套（礼服外套）明显比巴尔玛肯外套（常服外套）的礼仪级别要高。从功能上来讲，"不可逆性"也是符合逻辑的。巴尔玛肯作为风雨外套可以利用防寒面料（考究的设计是加上可拆装的防寒内袒），变成冬季大衣是顺理成章的，而作为冬季外套的柴斯特不能借用防雨面料设计成夏季外套，因为柴斯特外套的款式特点不具备防风雨功能。尽管它们原始的功能在今天看来已经成了摆设，但人们欣赏这种充满历史的印迹而保持了下来成为经典社交语汇。

（一）风雨面料的休闲风格表达的社交取向

在外套面料中以功能的划分，大体上分为防雨类、防风尘类和防寒类，这是由传统面料的功能不能兼顾而出现的细分化。传统的防雨、防风尘面料通过复合化研制成一大类，即风雨面料。其实它已经脱离了真正意义上的防风雨的功能而变成了某种社交取向。如棉华达呢（Cotton Gabardine）、水洗布、防雨布（Mackintosh）、防水涂层布（Coating cloth）、府绸（Poplin）等这些面料并不是用在雨披之类的雨具上，而是用在休闲外套的设计上（图7-1）。它们的共同特点是纤维细、密度高而薄，对于冬季以外的职业外套使用最普遍。值得注意的是，在这些面料中最应该关注的是土黄色调，特别是巴尔玛肯和堑壕外套为首选，这一点作为承载着历史信息的经典搭配，除此之外的颜色都无法做到。当然，水洗、砂洗风格的面料也被广泛使用，有各种防水性能的超薄面料也成为时尚，这正是巴尔玛肯和堑壕外套家族标榜休闲生活方式理念的一大特点。然而，从不可逆性的规律来认识，这些面料不适合用在比它们高一级别的柴斯特、波罗、阿尔斯特这些具有冬季特征的外套上。作为风雨外套的巴尔玛肯和堑壕服既然从历史上就不那么纯粹，这就为它们向冬季外套拓展提供了条件和空间。因此，巴尔玛肯外套和堑壕外套从来就不拒绝使用毛呢类这些冬季面料，可谓"精雕细做"（图7-2）。既便采用非防寒面料，它们也会作防寒的处理，即增加可拆装的苏格兰格呢的内袒。这种面料和构造的综合运用，使它们升格为全天候的万能外套，而在国际社交界备受青睐。

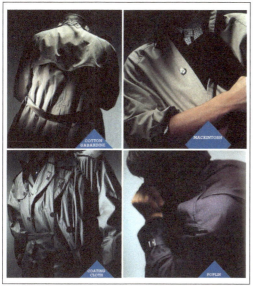

图 7-1　防风雨面料所表达的外套休闲风格

图 7-2　毛呢面料的巴尔玛肯外套和堑壕外套有升格的暗示

（二）防寒面料的外套风格最适合的社交取向

防寒外套通用的面料有麦尔登呢（Melton，也称羊绒）；洛登呢（Loden）；驼绒（Camelhair）；粗花呢（Donegal）；海力蒙（Herring bone，也称人字呢）等。所谓通用是指在当今，这些面料对防寒的礼服外套和休闲外套都适用，包括柴斯特外套、波鲁外套、阿尔斯特外套、达夫尔外套、洛登外套等。标志性色调包括黑色、深蓝、驼色和灰色系，礼服外套多用黑色和深蓝这种定向性精纺防寒面料更突出，驼色更通用，特别是出行版柴斯特外套、波鲁外套、巴尔玛肯外套和达夫尔外套，甚至波鲁外套不用驼色不能称其为 Polo Coat。可见面料的标志色为外套知识必做的功课（图 7-3）。

海力蒙多用在柴斯特外套中，因它厚度适中，是柴斯特外套传统的面料，深灰色是它的主色，1972 年冬美国总统尼克松访华时与周恩来总理握手的那一刻以此经典的柴斯特外套记录了这个伟大事件。粗花呢通常用在柴斯特外套的简装版或休闲外套中。麦尔登呢在柴斯特外套中的使用是现代人的习惯，采用黑色或深蓝麦尔登呢有礼服外套的暗示；利用驼色麦尔登呢时有出行外套的提示。总之它比黑色和深蓝色礼仪的级别相对要低。

波鲁外套的面料是以驼绒为主，标准色为驼色，当用在巴尔玛肯外套中表明社交取向有所升级。羊绒、洛登呢也普遍使用，黑色和深蓝色有礼服外套的暗示。人字呢和粗花呢偏薄不符合它的风格一般不用。

阿尔斯特大衣面料是以羊绒为主，标准色是灰色。驼绒和洛登呢也普遍使用，黑色和深蓝色也是它的惯用色，这和它保有礼服外套的英国血统有关。

洛登外套就是由洛登呢命名的，它的标志色为墨绿色。羊绒、驼绒和洛登呢的风格很接近，故在波鲁、巴尔玛肯、达夫尔和洛登外套中通用不悖，颜色应用也很广泛，这和它们都属于"中性外套"的特点有关。

达夫尔外套的专有面料是双面麦尔登呢。这种面料几乎不用在达夫尔以外的外套中。它是把麦尔登呢作面布，苏格兰呢作底布用特殊工艺复合在一起制成，这样无需挂里，同时加厚的复合呢料产生了独一无二的设计和工艺，如毛边用滚边包缝、索结绳纽的门襟、明贴边、明贴袋、明缉线工艺等。达夫尔作为经典休闲外套，驼色也无一例外地成为它的标志色。这些也是评价纯正达夫尔外套的重要因素。

图 7-3　最适合外套风格的防寒面料

达夫尔外套出现了很多变异版，说明它不再严格使用麦尔登双面呢，采用单面的羊绒、驼绒、洛登呢，甚至混纺呢料、充绒工艺（防寒服工艺）等。由于单层呢料防寒性减弱，通常要充绒绗缝来增加保暖性。各种颜色的选择也不拒绝而适应大众的多元化要求，但这种情况的达夫尔在品质和品位上会大打折扣。

（三）外套和面料的对应性及其社交取向的变通

毛织物防寒面料由于它保持了古老的织造技术和悠久的历史信息，决定了它在外套中的贵族地位。采用羔皮的剪绒外套和灯芯绒的西班牙外套更具有本色的风格，表现出功能的专用性，因此材料的使用也更加专一，当然也丧失了它的贵族地位。由此可见，根据"不可逆性"的原则，面料在外套中的使用级别越高（如防寒毛织物），流通范围相对宽泛，因为它既可以用在较高的级别又可以向下流动。相反，使用级别越低（灯芯绒），流通范围相对狭窄，因为它处在较低的级别却不能向上流动。值得注意的是在已形成的经典外套中，无论是礼服外套还是休闲外套，不论是风雨外套还是防寒外套，它们往往都保持着故有的用料习惯和文化，这正是经典的魅力所在，也实在需要细细地解读"得体外套"由面料而带来的信息，见下表。

外套和面料的对应性及其社交取向的变通表

外套	准面料	标准色	准用途	可用面料	可用色	用途变通提示
巴尔玛肯	棉华达呢	土黄色	常服外套	防水涂层布 防雨布 府绸 水、砂洗布	黑色 深蓝色	休闲化礼服外套
堑壕外套			休闲化常服外套			常服外套
柴斯特	人字呢 粗花呢	黑色 深灰色 深蓝色	准礼服外套	麦尔登呢 驼绒 洛登呢	驼色 灰色系	冬季常服外套

续表

外套	准面料	标准色	准用途	可用面料	可用色	用途变通提示
波鲁外套	驼绒	驼色	出行外套	麦尔登呢 洛登呢	黑色 深蓝色	冬季礼服外套
阿尔斯特	羊绒（麦尔登）	灰色	出行礼服外套	驼绒 洛登呢	黑色 深蓝色	冬季礼服外套
洛登	洛登呢	墨绿	冬季常服外套	驼绒 麦尔登呢	外套所有常用色	个性化常服外套
达夫尔	麦尔登 苏格兰双面呢	驼色	准休闲外套	麦尔登呢 驼绒 洛登呢	外套所有常用色	个性化常休闲外套
剪绒外套	羔皮	皮质色	休闲外套	人造羔皮	黄色系	休闲外套
西班牙外套	灯芯绒	墨绿色	休闲外套	粗花呢	灰色系	休闲外套
水手外套	麦尔登呢	藏蓝色	休闲外套	洛登呢 驼绒	灰色系 各色系	休闲外套

二、外套及其细部之间的等式

如果说不同面料决定外套不同用途定位的话，那么体现这种定位的指标就是每种外套细部所保持的程式形态。之所以经典外套所构成的元素具有程式特点，一个很重要的原因，就是它们恰如其分地适应和表现了面料的性能，久而久之成为这种外套的标准语汇，可以说经典外套和其细部之间有着奇妙的"等式"。

（一）领型与外套的等式

从服装构造学原理来看，一般款式的形制是受材料制约的，男装历史中够上经典的服装大凡如此。看重功能的外套更是如此，不同类型的外套对应特定款式的细节几乎可以用等式连接起来，我们从经典外套的领型来看，还没有哪个违反这个原则。

拿破仑领是因为堑壕外套而存在。它是以关门领面貌出现的，它的结构是由领座和领面两个部分组成，这样通过用钩扣关闭立领部分对颈部有所保护，翻领部分可以竖起（挡风雨）也可以翻下，在外观上自然且有很强的立体感。因此细密、薄而挺括的华达呢最适合表现这种领。由于它有这种良好的护颈设计而成为堑壕外套的标准领型，如图7-4（1）所示。巴尔玛肯外套也以华达呢为主，因此，在领型的使用上和堑壕外套可以互通。

应用最广泛的巴尔领是巴尔玛肯外套的一个标志。它的结构介于拿破仑领和阿尔斯特领（驳领）之间，之所以介于它们之间是因为巴尔领具有可关可开的双重性能，它的作用和拿破仑领更相似，平时是敞开的，需要防风雨时可以把颈扣上，竖起翻领系好领口可以保护脸颊。所不同的是，巴尔领虽然有领座和领面两部分，但领座主

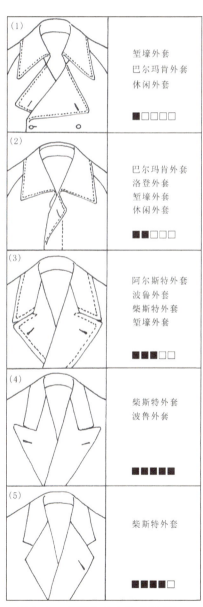

图7-4 领型与外套的"等式"

要分部在后颈部，向前颈靠近时逐渐消失，这一独特的结构成为巴尔领的重要特点。这样在功效上虽然不如拿破仑领更好（主要指关闭时），但它符合常服外套的一般要求，外观很简洁规整又有礼服的风韵。在工艺上简化了许多。因此，这种领型在外套中应用最为广泛，它几乎可以在所有类型的外套中使用，在各种不同风格的面料中实现，当然更多的还是习惯于用在休闲外套中，如洛登外套、休闲外套、巴尔玛肯外套等，如图7-4（2）所示。

阿尔斯特领由阿尔斯特外套命名，其实它是所有厚呢类防寒大衣领型的代表，如波鲁外套、不列颠外套、泰洛肯外套等。阿尔斯特领构造与拿破仑领相反，它是以敞领的面貌出现的，属于驳领体系。虽然它也是从关门领演变而来，但由于它在长期发展过程中，敞开的方式成为习惯逐步升格为礼服外套的标识，人们也就不再使用它的"关门方式"，并在工艺上把翻领和驳领（驳头）处理的十分规整和平伏而成为一种独立的、工艺性很强的驳领技术，因此，它被视为专门用于可塑性很强的毛织物高级工艺，如图7-4（3）所示。

用于柴斯特外套的平驳领和戗驳领。由于阿尔斯特领和柴斯特外套中的平驳领、戗驳领归为同类，故这三种领型被视为高品质套的基本领型。不过它们在级别和功能上是有区别的，戗驳领和平驳领是从礼服和套装领借鉴过来，无论在工艺和外观上显得更精致小巧，因此，它们更多地用在花呢、海力蒙这些稍薄的呢料中，由此也就构成了礼服外套考究细腻的品格。由于材料科学、技术科学和加工科学的不断进步，形式手段变得界限模糊，所以不同外套在领型的选择上更加自由，重要的是对这种"技术伦理"的深刻认识，无论是选择自由还是计自由，都会表现出充满内涵理性和历史感的专业素质，如图7-4（4）和（5）所示。

综上分析，不难判断外套领型不仅和相关类型的外套有一定的对应性，它还传递着在社交中很有意义的信息。如果按照礼仪级别排序的话，外套领型依次是戗驳领、平驳领、阿尔斯特领、巴尔领和拿破仑领。这些信息无论对设计者、生产者、经营者还是消费者都是不能视而不见的。

（二）袖型与外套的等式

插肩袖以使用方便著称，装袖以造型庄重著称。当然前者多用于休闲外套，后者适用于礼服外套，它们中间的状态如包肩袖和前装后插肩袖也就构成中性风格，但这不意味着在外套各种袖型中没有关联。

1. 插肩袖

插肩袖是风雨外套惯用的袖型。外套的袖型大体上分为装袖和插肩袖两大类。这是由于防寒外套和风雨外套原始功能决定的两种基本样式。插肩袖作为风雨外套的代表，主要考虑它的穿脱方便、运动自如、排水（插肩袖的流线型）迅速的综合功能，因此，它成为雨衣外套巴尔玛肯和风雨外套堑壕服的标准件。其良好性能也成为休闲服常用的设计元素，但不适合塑造肩部峭立的造型，因此，在柴斯特礼服外套中，这种袖型几乎不同。其实用于巴尔玛肯和堑壕外套的薄型面料，原本就不适合装袖，插肩袖便成为它们惯用的设计手法，如图7-5（1）所示。

2. 装袖

装袖是礼服外套柴斯特惯用的袖型。它在舒适性上虽不如插肩袖，但在工艺上更符合精纺毛料精雕细刻的要求，表现出端庄富有棱角的造型正迎合了礼服外套的社交氛围。装袖构造虽对人的手臂有所抑制，作为礼服是必要的（穿上礼服提示人的行为举止应有所节制而优雅），但增加了峭立美观的外形，装袖正是平衡礼仪和功能合理的配比而存在的，这也是装袖总比其他袖型更显庄重的原因。因此，在男装所有礼服中，装袖几乎是唯一选择，如图7-5（2）所示。这并不意味着在休闲外套中不能使用装袖，重要的是在使用时通常需要对装袖进行适应面料的休闲化工艺处理，这就是所谓落肩压明线的装袖工艺，它在休闲外套中被广泛应用如达夫尔外套、剪绒外套、西班牙外套。洛登外套"肩檐儿"式结构可以说是这种造型的极端表现。巴尔玛肯和堑壕外套如果采用装袖时，也会运用落肩压明线工艺，因为棉华达呢之类的薄型面料更适合这种工艺，如图7-5（3）所示。

3. 包肩袖

包肩袖最适合表现厚呢料的波鲁外套。它在外套中并不恪守装袖和插肩袖这两种形式的纯粹性，由于个性化的驱使，设计师善于运用呢料的可塑性，派生了它们两者之间的袖型，包肩袖就是在波鲁外套中所采用的这种中间样式。在形式上它不像插肩袖那样借肩借得如此彻底，而在插肩袖结构基础上（保持袖中缝）做装袖的包肩处理，在构造上形成有袖中缝的三片袖结构，再施加"肩压袖缉明线"工艺[1]，外形表现出独特的刚柔的结合造型。这种袖型的形成和当初波鲁外套采用脱毛面料有关，在功能上更加适应作为"候赛"外套（马球赛前的防寒外套）的实用要求（运动不大，穿脱方

---

① "肩压袖缉明线"是"落肩压明线"的解释语，凡休闲类的装袖，包括包肩线、洛登袖（肩檐儿）均采用上袖后让肩压住袖肩后，沿袖缝缉一段装饰线。

便又要照顾基本的礼节)。后来作为粗呢外套常用的袖型。在礼仪上这种袖型刚好介于礼服外套和休闲外套之间,如图7-5(4)所示。

4. 前上后插袖

前上后插袖是外套经典元素的概念袖型。如果说波鲁外套的包肩袖是自然而然的必然,那么前上后插的袖型就是标新立异了,它之所以成为外套袖型的经典(它几乎不在休闲外套之外的服装中使用),是因为不论形式还是结构的全部信息都没有脱离纯粹性,尽管它的变现如此有个性,这正是它的魅力所在。这种袖子的历史虽不长,但由于它采用了经典袖的元素而有一种新古典主义的味道。它出现的初衷,更多的是设计师想突破传统装袖和插肩袖的樊篱的一种折中办法。不过这种很有个性的设计,不符合礼服的性格,因此在柴斯套中难以见到,更多的是在巴尔玛肯外套、堑壕外套和休闲外套中作为概念化的设计,总之它是休闲外套的元素,如图7-5(5)所示。

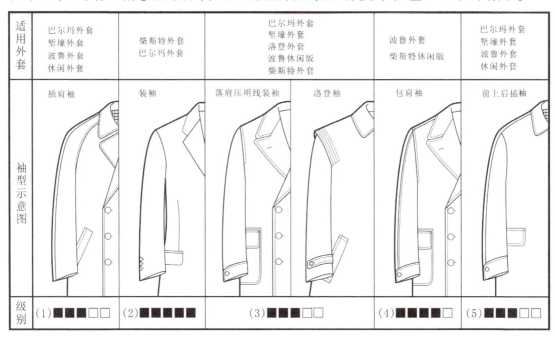

图7-5 袖型与外套的等式

值得注意的是,不同的袖型与袖口细部的设计也是有对应性的,如袖衩扣是配合装袖的;明卡夫是配合包袖的;袖襻或袖带是配合插肩袖的(包括前装后插袖)。袖型的级别也由此确定。这些元素混杂的袖型有变异(或另类)的提示,外套的整体也会变得无序,这是需要慎重接受的。

(三)袋型与外套的等式

袋型与外套的对应性,仍然与历史上某种外套最初启用面料的质地和用途有关,也决定了它的礼仪级别。袋型在外套中大体有两类，一类是嵌式口袋，二类是贴袋。

1. 嵌式口袋

嵌式口袋适于精纺呢料织物的外套。通常情况下嵌式口袋，要求面料纤维细密，这样在实施嵌挖工艺时才不会脱纱，保持口袋使用的牢固性，像人字呢、开司米（Cashmere）、花呢、毛华达呢等这些精纺毛料常用在柴斯特外套中，有袋盖的嵌式口袋也就派上了用场，如图7-6（1）所示。像棉华达呢、府绸、防雨布这些更细密的织物，在巴尔玛肯外套中用无袋盖嵌式口袋，为了防雨的需要，将袋口设计成斜式，并中间钉扣，如图7-6（2）所示。堑壕外套为强化这个功能又增加了袋盖中间用扣固定，如图7-6（3）所示。柴斯特外套和风雨外套虽然都采用嵌式口袋，但形式上有所不同，前者是平插袋并有袋盖；后者是斜插袋。前者有礼服的暗示，后者又休闲服的提示，一般不会张冠李戴。相互借鉴也是有所选择的，如柴斯特外套采用嵌式斜插袋，就不会有纽扣和袋盖了，也暗示了这是一款休闲版的柴斯特外套。

2. 贴袋

贴袋适于粗纺呢外套。外套中采用贴口袋说明这种外套选择的是粗呢面料（或历史上是如此），因为这种面料不适合用嵌挖工艺（纱线粗、结构松用此工艺会破损）。这就是用驼绒面料的波鲁外套和用双面呢达夫尔外套为什么惯用贴袋的原因。不过在

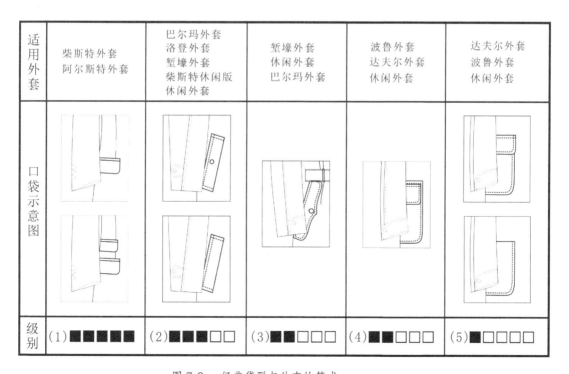

图 7-6　经典袋型与外套的等式

形成上它们仍有不同,波鲁外套的标准是复合形贴袋,如图 7-6（4）所示,达夫尔外套是普通贴袋,其实这也是达夫尔外套的双面呢过于厚重而对贴袋工艺施以简化的考虑,这种贴袋有无袋盖倒是一种爱好,如图 7-6（5）所示。

当然,由于纺织和成衣科技的进步,各种口袋的工艺实现起来都不困难,口袋款式和外套的对应性似乎变得不那么严格了,但作为社交惯例和提升着装修养,建议宁可选择精准的对应样式,不去迎合流行的概念这是明智的,因为它们不仅具有丰富信息的历史传承,还提示着拥有者蕴涵着高雅的社交密约而备受尊重。例如柴斯特外套不能用贴口袋,尽管它很实用但它不够等级；堑壕外套不能用柴斯特外套习惯的有袋盖平插袋,尽管它等级很高但用的不是地方。

（四）其他细部与外套的等式

外套其他细部主要指后开衩和腰带的配置。后开衩在外套中是必不可少的,但它的形成根据外套的用途和级别各有不同,大体分为普通开衩和箱式开衩,前者偏正式,后者偏休闲。礼服外套后开衩和休闲外套后开衩在变通设计时也是不可逆的。这种社交惯例源于部件的功用单纯礼仪级别越高；相反部件的功用越强劲专一礼仪级别越低,这可以说是判断绅士服的准则。

腰带在外套中也很普遍,但它是从原始功能继承下来的,因此,在礼服外套中是不使用的,如柴斯特外套。当然有些外套不具备使用腰带的条件和基础,在社交上也已成为一种惯例,如达夫尔外套和短外套很少使用腰带。其他外套腰带的使用既使功能相同,但在形制上有所区别,这是由它的历史传承下来的,如泰洛肯外套腰带是系扎式的,堑壕外套腰带是钉扣式并有 D 型环、波鲁外套腰带是后置固定式,它们之间通常不会交换使用,以保持它们对历史的尊重和血统的纯正性（图 7-7）。

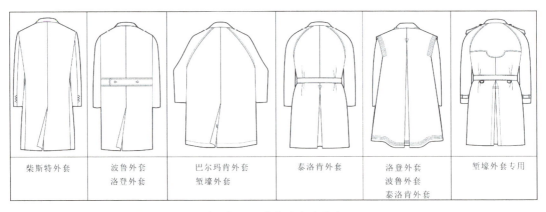

图 7-7　经典开衩、腰带与外套的等式

三、外套的 TPO 定位与搭配方案

TPO 定位是根据时间（T）、地点（P）、场合（O）决定服装的一切行为。它包括设计、制造、经营和选购，这些行为的成败，TPO 起着决定性作用，这是有序的供求关系。如果各方都不清楚 TPO 这个原则，说明这个供求环境还不成熟。所以，外套的得体并不是单方面可以实现的，销售商提供了得体的外套产品，但消费者不识货不行；相反，消费者识货但市场没有可选的商品也不行。我国的男装市场，特别是外套的高端市场，供求双方都处在不成熟阶段，因此外套 TPO 定位知识是带有普及性的。

（一）外套 TPO 综合指标的社交排位

外套所选择的面料基本上是无花纹的净色织物，这是由它防寒、防风雨、防尘功能所决定的。当然个性化的另类外套是在 TPO 原则之外讨论的。它不用像上衣和裤子那些有颜色、图案需要上下搭配的烦恼，内外搭配的难度较大。

外套的定位，首先要了解今天经典外套的所有元素所对应的"标准件"是什么，因为标准件和它的构成格式对 TPO 有所提示，每一种外套语言的表达都是因相应稳定的时间、地点与场合（TPO）而存在。"怎样的外套要到怎样的场合穿才相称"（出石尚三语）。这对外套而言并不是一句很抽象的话，每一种独立外套的构成包括面料、颜色、款式以及领型、口袋、纽扣等元素，它们都会根据 TPO 原则加以定位，这些在前面的章节中有详细的介绍，这里从礼仪级别、用途、搭配的综合评价分析外套的 TPO 方案。

外套大体分三类，即礼服外套、常服外套和休闲外套。礼服外套以柴斯特外套和波鲁外套为代表；常服外套以巴尔玛肯外套和堑壕外套为主导；休闲外套以达夫尔外套和水兵外套为首选。值得注意的是它们的界限并不严格，相邻类型外套的元素又可互通设计。如果按照 TPO 指标去细分的话，从高到低依次是柴斯特、波鲁、巴尔玛肯、堑壕、达夫尔、水手服、剪绒外套和西班牙外套。由于流行的原因没有被列进的经典外套，如果给其一个定位的话，阿尔斯特外套（包括不列颠外套、进卫外套）与波鲁外套为同一级别；泰洛肯外套与巴尔玛肯外套属同一类，但它是防寒常服外套；洛登外套与堑壕外套级别相似，只是前者为冬季外套，后者为风衣外套（春秋季）；水手外套、剪绒外套和西班牙外套与达夫尔外套都可以归到休闲外套中，只是它们不太流行而已（图7-8）。

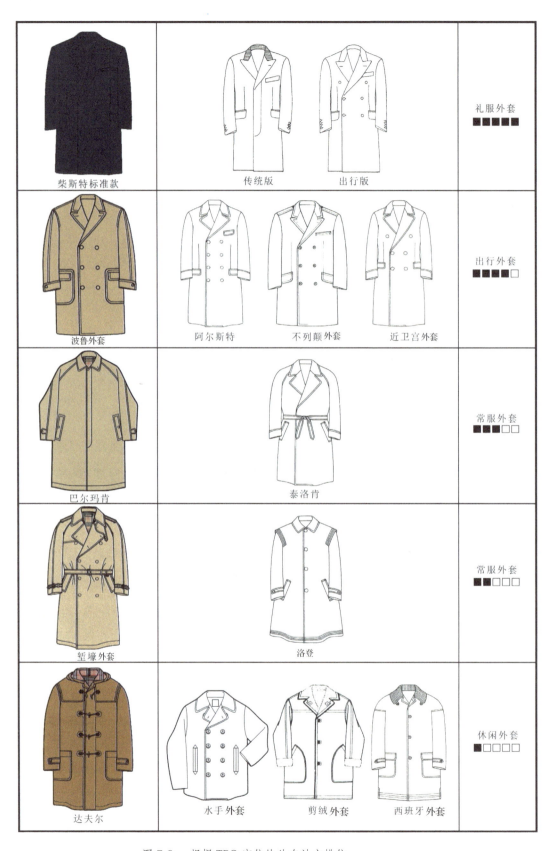

图 7-8　根据 TPO 定位的外套社交排位

（二）外套的社交取向与搭配方案

了解完外套的级别定位之后，就是对它们的社交取向和搭配有个基本判断，判断的原则仍然是 TPO。

柴斯特外套是级别最高的礼服外套。柴斯特菲尔德伯爵的贵族出身决定了它的礼服地位。它与塔士多礼服组合说明这是晚间正式礼服的搭配。与董事套装组合说明日间正式礼服的搭配和黑色套装（常礼服）、西服套装（Suit）组合，被视为全天候礼服搭配，可用于正式的公务、商务社交。驼色柴斯特外套有出行外套的提示，配服也会降低，基本和波鲁外套组合方案相同（图7-9）。

波鲁外套原属马球外套，按今天的社交习惯它禁用于出行版柴斯特外套，因常用厚重的驼绒、羊绒面料，标志色为驼色，这些暗示它是典型的冬季出行外套。与西服套装、布雷泽西装或夹克西装组合是最恰当的商务、职业化装束的经典搭配（图7-10）。

出行版柴斯特外套和波鲁外套在构成元素上可以互鉴无忌，再加上它们自身风格相同的派生元素使两种外套界限模糊，概念型礼服外套正是它们之间的元素互鉴而层出不穷，它们传递的赋予成熟、典雅、可以信赖的信息，很让现代的实业家们着迷。但对于郊游类的休闲目的则过于奢侈了。

巴尔玛肯外套是以万能外套著称的，从礼仪上解释，它既可以作为常服外套，又可以视为礼服外套，当然正式场合还是不能取代柴斯特外套。配服从黑色套装、三种格式的西装到户外服均无禁忌。但它的最佳组合还是以三种格式的西装为主，因为这是公务、商务的最恰当的搭配，也是巴尔玛肯最得体、最具生命力的地方（图7-11）。

堑壕外套是具有个性化的常服外套，一般不作为礼服外套使用，它的最佳配服是三种格式的西装（图7-12）。它和巴尔玛肯外套可以说是对双胞胎，在男装历史上它们几乎是相生相伴，因此它的社交取向和搭配基本和巴尔玛肯相同。不过它的"标准件"大多是从战场上产生的，当它逐渐转化为都市化服装时，那些颇具功能化的元素变得更富有视觉性冲击力和标识性，因此对社交性格的选择有某种激进和玩世不恭的色彩，但这并不意味着"保守派"不能穿，其实它更多地表现出新古典主义的品格。

达夫尔外套是休闲外套的代表。它源自北欧渔民作业服就决定了它的休闲装命运。不过第二次世界大战中由于英国陆军元帅蒙哥马利的喜欢改变了它的命运而进入主流社会。它最具经典的搭配是与布雷泽西装或夹克西装的组合，今天又加入了几乎所有的户外服。它在"休闲"这个前提下，对职业、年龄、体型、性格等任何条件的人都不拒绝。但是，它在历史上能够以平民的身份进入贵族社会本身是具有革命性和叛逆性的，因此它更多地受到包括大学教授在内的校园年轻人青睐（图7-13）。

适合场合：

公式化场合		
	婚礼仪式	■■■■■
	告别仪式	■■■■■
	传统仪式	■■■■■

正式场合		
	正式宴会	■■■■■
	日常工作	■■■■□
	国际谈判	■■■■■
	正式谈判	■■■■■
	正式会议	■■■■■
	商务会议	■■■■□

非正式场合		
	工作拜访	■■□□□
	非正式拜访	■■□□□
	非正式会议	■□□□□
	商务聚会	■■□□□
	休闲星期五	■■□□□

休闲场合		
	私人拜访	□□□□□
	周末休闲度假	□□□□□

案例参考：

▲ 传统版柴斯特外套在日间商务场合

▲ 出行版柴斯特穿着于商务出行

主服

标准版　传统版　出行版　背面

配服

塔士多 (Tuxedo)	礼事套装 (Directory's suit)	黑色套装 (Black suit)	西服套装 (Suit)
■■■■■	■■■■■	■■■■□	■■□□□

标准色
PANTONE DS Process Black C

标准面料
斜纹软呢海力斯 (Harris Tweed)

关键词
- 戗驳领
- 柴斯特菲尔德伯爵
- 礼服外套

图 7-9　柴斯特外套社交取向和搭配方案

图 7-10 波鲁外套社交取向和搭配方案

130 优雅绅士 III 外套

适合场合：		
公式化场合	婚礼仪式	□□□□□
	告别仪式	□□□□□
	传统仪式	□□□□□
正式场合	正式宴会	■■■□□
	日常工作	■■■■□
	国际谈判	■■■■□
	正式谈判	■■■■□
	正式会议	■■■■□
	商务会议	■■■■□
非正式场合	工作拜访	■■■■□
	非正式拜访	■■■■□
	非正式会议	■■■■■
	商务聚会	■■■■□
	休闲星期五	■■■■□
休闲场合	私人拜访	□□□□□
	周末休闲度假	□□□□□

案例参考：

▲前联合国秘书长安南穿着巴尔玛外套

▲南非世界杯瑞士足球教练
希斯菲尔德时尚版的巴尔玛外套

▲绅士穿着巴尔玛外套

标准色
PANTONE 466C

标准面料

华达呢
(Gabardine)

关键词
· 巴尔肯领
· 棉华达呢防雨布
· 插肩袖
· 防雨外套
· 全天候外套

主服

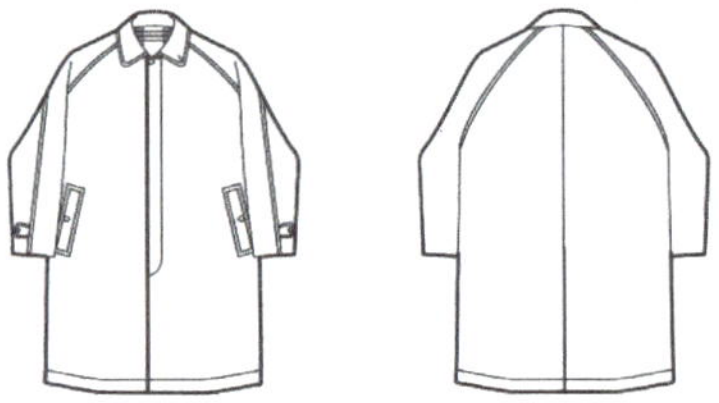

配服

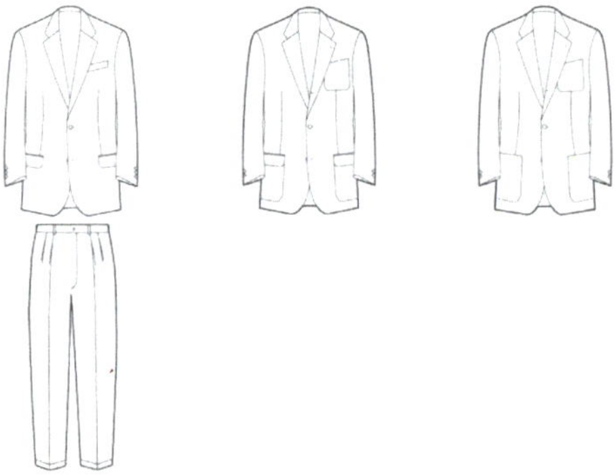

西服套装 (Suit) ■■■■■
布雷泽 (Blazer) ■■■□□
茄克西装 (Jacket) ■■□□□

图 7-11 巴尔玛肯外套社交取向和搭配方案

第七章 得体的外套

图 7-12 堑壕外套社交取向和搭配方案

适合场合：		
公式化场合	婚礼仪式	☐☐☐☐☐
	告别仪式	☐☐☐☐☐
	传统仪式	☐☐☐☐☐
正式场合	正式宴会	☐☐☐☐☐
	日常工作	☐☐☐☐☐
	国际谈判	☐☐☐☐☐
	正式谈判	☐☐☐☐☐
	正式会议	☐☐☐☐☐
	商务会议	☐☐☐☐☐
非正式场合	工作拜访	■■■☐☐
	非正式拜访	■■■☐☐
	非正式会议	■■■☐☐
	商务聚会	■■■☐☐
休闲场合	休闲星期五	■■■■■
	私人拜访	■■■■■
	周末休闲度假	■■■■■

案例参考：

▲英国前首相布莱尔夫人切丽·布莱尔穿着达夫尔外套

▲达夫尔外套风靡美国常青藤名校

▲电影剧照

图7-13 达夫尔外套社交取向和搭配方案

水手外套、剪绒外套和西班牙外套都属于休闲外套，搭配方案完全可以和达夫尔外套互鉴，只是在风格上有所区别，级别上的差距几乎可以忽略。它们的配服除布雷泽西装、夹克西装以外，休闲服、运动服都可成为户外生活的选择，如毛衣、T恤、牛仔服等。值得注意的是它们不能作为正式礼服外套使用，也不会把正式礼服（包括晚间、日间正式礼服、黑色套装、西服套装）作为配服。

上述从礼服到休闲服各种具有代表性外套的定位和搭配方案，说明外套在TPO原则指导下的大致社交取向。其实得体的外套穿着并没有生硬而繁琐的束缚感，这是因为它会使我们充满自信而赋予的，这才真正达到了得体外套的自由境界，这需要长时间的学习、体验和积累。若无视它们的定位和规则的搭配实践，而坚持"打扮是我的自由"，这无意中在试图挑战冒险的社交，因为你进入的社会是充满着规则的社会（市场经济即法治经济、规则经济）而不是无政府社会。

四、外套选择的技巧

作为消费者如何选择外套，除了文化素质、社交经验、经济条件以外，还需要掌握一些必要的技巧。

（一）外套尺寸长度优先考虑松量宁大勿小

外套类型有多种，胸围的松量相对稳定，但长度不同，标准长度在膝关节以下如柴斯特外套、巴尔玛肯外套等；短款外套长度在膝关节以上如达夫尔外套、水手外套等；长款外套长度比标准长度多出10cm左右。然而，在向一种外套中，胸围松量变化的幅度要比长度大。例如身高170cm，胸围是92（92/170），这个规格在我国男士中最普遍，被视为标准身材。无论如何，选择外套时服装的规格和人体尺寸也不会达到完全吻合（定制产品除外），那么选择胸围？还是身高？一般说来，外套胸围的松量在20~30 cm都算合适，这样大的选择范围对应合适的胸围松量基本没有什么问题。但是，身高的合理差量仅有5cm（比胸围少一半），可见长度选择范围要比胸围小得多，所以身高尺寸优先考虑是防止失败的第一步。

那么，衣长在多少最为合适。在经典外套中，柴斯特外套、巴尔玛肯外套和堑壕外套都属于标准长度的外套，应控制在膝盖下 5~10cm 范围最合适。穿后的状态，前后和两侧呈自然垂直，特别是前中和后中没有外翘现象，整个下摆呈水平状态。以达夫尔为代表的短外套长度在膝盖以上 5cm 左右。所有外套的袖长标注，自然下垂后袖线到拇指根部（图 7-14）。

镜子可以反映全身面貌，但离镜子过近，眼睛就像广角镜头一样，镜子周边的景物就会变形，特别是镜子中的下摆，由于眼睛离它最远会出现视差，有一种衣长比实际长度大的感觉，而造成判断的失误。如果远离镜子，这样视差就变得很小，看到镜子中的物体更接近真实状态。

外套围度松量宁大勿小是基于现代外套休闲化趋势的考虑。首先，内部配服的松量有所增加，其次宽松的风格成为主流。松量大体在 25cm 左右，评价的标准是，在系上第一粒纽扣的时候（胸位附近的纽扣），胸部不会出现横向皱褶。另外需要别人帮助，从后部底摆向下拉，应很轻松地拉成直线说明胸部的松量合适（图 7-14）。

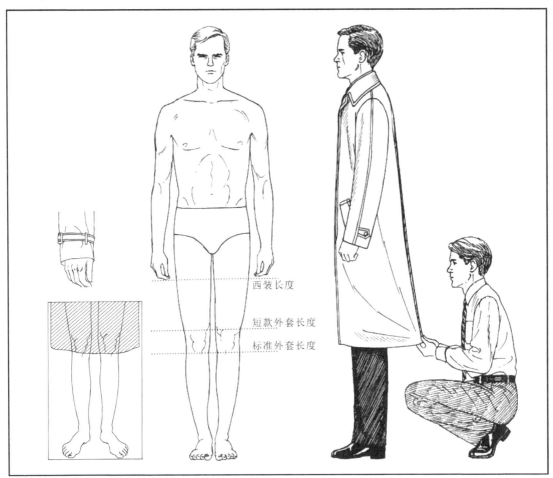

图 7-14　外套的长度标准

（二）外套试穿必须确定真实的配服

外套通常不是独立使用的，都会配合内穿服装，确切地说多数配合不同的西服使用，配合休闲服使用的外套也没有更多的讲究，标准也会降低，这里指的是前一种情况，如果没有确定内穿特别适宜的服饰，说明这时外套的选择是十分盲目的，特别是外套 TPO 定位知识的不足。比较可靠和有效的内服应采用标准松量的西装（松量在 14cm 左右）最合适，在此基础上几乎可以试穿所有类型的外套，这时呈现外套的一切面貌是真实的，才能作出全面而准确的判断。其中以下几项明显的指标要有正确的判断。

第一，从后身观察外套衣领必须盖住西服领而可以露边衬衣白领。

第二，从袖口观察，在外套袖口处不能露出西服袖口但可以看到衬衣白袖口。

第三，细小的地方也会通过真实的试穿得到体验。巴尔玛肯和堑壕外套这些可以闭合的领型，当全部系完领扣时，内层西服和裤子中的口袋就无法使用或不便使用，这种外套为适应这种变化，它们两边斜嵌式侧袋只设计成进出口（没有口袋装置），通过它可以进到里边使用外套内里设置的口袋，也可以使用西服的两个外侧口袋和裤子的两个外侧口袋。这对于公务、商务的绅士来讲，只有通过真实的试穿才能体验到功用在社交中的魅力。

（三）面料质地和标签的提示

一般人对面料的判断是十分困难的，因此，选择高品质的外套或者名牌，面料的质量是有保证的，同时，对面料数据的标识很全面来提醒使用者有效地穿着和保养。一般来讲棉织物会收缩多些，毛织物会收缩少些，不过高端品牌在加工前要安排处理的，通过洗涤后棉织物外套的里子会变长但很有限；毛织物外套可以水洗的情况，里子会缩量大于面料而变短，但不能出现对表层衣料的扦掉，这是外套品质判断的重要指标。从剪裁上看，无论是装袖还是插肩袖，袖子和衣身的布丝方向是一致的（直丝与布边方向一致）。

作为具有防雨功能的外套，如巴尔玛肯和堑壕外套，都希望在面料中有防水的处理，如施加防水涂层。这种纤维制品一般有两类表示标准；一类是可以承受最多 3 次水洗的防水效果；二类是只经 1 次水洗便丧失防水功能的。这些标识在高品质防雨外套中都有相应的标签提供识别。其中还包括哪些可水洗、哪些必须干洗的标签。

参考文献

[1] 妇人画报社书籍编辑部. THE DRESS CODE[M]. 日本：妇人画报社，1996.

[2] 監修·堀洋一. 男装服饰百科[M]. 日本：妇人画报社，1996.

[3] 妇人画报社书籍编辑部. COAT[M]. 日本：妇人画报社，1984.

[4] 妇人画报社书籍编辑部. BLAZER[M]. 日本：妇人画报社，1926.

[5] 冈部隆男. JACKET[M]. 日本：妇人画报社，1995.

[6] 妇人画报社书籍编辑部. FORMAL WEAR[M]. 日本：妇人画报社，1927.

[7] くろすとしゆき监修. The Shirt. 日本：妇人画报社，1927.

[8] Paul Keers. A Gentleman's Wardrobe[M]. UK：Harmony，1987.

[9] Bernhard Roetzel.Gentleman[M]. Germany：Konemann，1999.

[10] Alan Flusser. Clothes And The Man[M]. United States：Villard Books，1985.

[11] Alan Flusser. Style And The Man[M]. United States：Hapercollins，1996.

[12] Alan Flusser.Dressing The Man[M]. United States：Hapercollins，2002.

[13] James Bassil. The Style Bible[M]. United States：Collins Living，2007.

[14] Carson Kressley. Off The Cuff[M]. USA：Penguin Group.Inc，2005.

[15] Kim Johnson Gross Jeff Stone. Clothes[M]. New York：Alfred A. Knopf，1993.

[16] Kim Johnson Gross Jeff Stone. Dress Smart Men[M]. New York：Grand Central Pub，2002.

[17] Kim Johnson Gross Jeff Stone.Men's Wardrobe[M].UK：Thames and Hudson Ltd.，1998.

[18] Cally Blackman. One Hundred Years Of Menswear[M]. UK：Laurence King Publishing Ltd，2009

[19] Birgit Engel. The 24-Hour Dress Code For Men[M].UK：Feierabend Verlag，Ohg，2004.

[20] The Jacket. Chikuma Business Wear And Security Grand Uniform Collection 2004-05，2004.

[21] Riccardo Villarosa & Giuliano Angeli《Elegant Man— How to construct the ideal wardrobe》Random House，Inc.，New York，NY. 10022.

[22] 刘瑞璞. 服装纸样设计原理与应用 男装编[M]. 北京：中国纺织出版社，2008.

[23] 刘瑞璞. 男装语言与国际惯例——礼服[M]. 北京：中国纺织出版，2002.

[24] 刘瑞璞，常卫民，王永刚. 国际化职业装设计与实务[M]. 北京：中国纺织出版，2010.

[25] 孙世圃. 西洋服装史教程[M]. 北京：中国纺织出版社，2002.

附录一

回归定制品位生活的绅士衣橱

将现代国际着装惯例知识系统（THE DRESS CODE）植入男装高级定制主流产品的西装、户外服、衬衫、礼服和外套的经营过程，这是从单纯的服装定制到"定制品位生活"的重大突破，并通过对方案构成分析及阐述，揭示男装高级定制除了需要对 THE DRESS CODE 严格的遵循，还包含着每类服装经典从诞生之初至历尽变迁，成为一种与穿着者在人文精神上的共鸣、享受，一种熟知着装规则后的品质体验，一种被近代工业革命颠覆生活方式后"慢生活"的回归。

纵观近代人类社会的发展，随着三次工业革命的飞跃直至当今的信息化时代，各行各业的繁琐工种仿佛都可以被赋予人类智慧的机械所替代。当然，服装行业也不例外，从第一次工业革命中纺纱机的发明，到现今越发先进的设备保证了精致做工下的批量化生产，催生出了仿佛能替代高级定制的奢侈品。经过高级成衣的冲击，高级定制的形势已经大不如前甚至岌岌可危，但即便如此，以"巴黎"为代表的时尚发源地仍不惜花重金，以维持着象征服饰发展顶峰的高级定制，这是为什么？服装通过机械加工所带来的精致规整与严密却让人们的美感变得迟钝，而更加怀念伴随手工慢慢消失而逝去的感动心灵与人文关怀的作品。那是专属于未被工业革命按下快进按钮前的生活方式，那是人类文明通过手工细活在服饰上的潺潺述说，如我国少数民族的传统手工服饰一样，一针一线里都蕴藏着浓浓的情意和体温。当代社会，特别是上层社会在物欲获得极度满足后的精神缺失使得人们开始反思生命的意义，开始追忆先人曾经拥有的慢节奏、敬畏传统、体会本色的生活方式。

高级定制不仅仅是作为一件做工精良的衣服，更多的精力需要用于企业文化的建设。包含企业理念、文化传承、品牌精神的宣扬以及销售终端对顾客的高品质服务等。特别是高级定制下的终端服务，不同于普通企业的服装导购，需要具备更高的服装专业素养。就男装高级定制而言,需要员工通过培训掌握THE DRESS CODE 的系统知识规则和着装密码,并以此为依据帮助顾客解读每一个可选择的定制方案,其中包括风格倾向、历史掌故、适宜人群以及各类着装主服、配服、配饰变化前后的最佳场合等。因此,男装高级定制店面中对导购进行国际着装惯例的前期培训,在企业文化宣传、产品定位和建立顾客信赖感上都将起到关键性的作用。

定制方案的成果力求将男装高级定制的理念提升为逐级打造完美绅士衣橱是其终极目标,根据顾客不同的社会身份以及穿着习惯为其量身打造专属的私人衣橱。将礼仪等级从低到高,适用场合从宽泛到专属,把绅士衣橱分为初级、中级和完美。

初级绅士衣橱根据顾客的身份背景、经济条件,提供最基本的配置,主要包括西装、礼服、外套中使用频率最高、适宜场合最广的着装。最佳组合为西服套装、巴尔玛肯外套或堑壕外套、礼服用黑色套装。它们都是各类别中的准装备,也是塑造一名绅士入门级的标准配置。若顾客首次进行定制,这是一个最佳组合方案。

中级衣橱,即是将着装条件进一步细化,无论礼仪等级上升还是下降(正式、非正式、休闲等)考究的着装有所增加,这要基于社交场合多元的考虑。西服类要增加非正式场合和休闲场合的运动西装和休闲西装。礼服类考虑增加正式礼服,定制正式晚礼服塔士多是明智之举。外套类出行外套波鲁或出行版柴斯特外套,休闲外套定制达夫尔或洛登。中级衣橱里的服装主要是满足顾客在已拥有每类必备服装的基础上,在既定场合中演绎出更为高雅的品位和显现出更为丰富的内涵。对于常人而言,若衣橱储备已达中级,在当今的社交场合则已完全能应对自如,且通过巧妙的搭配形成不凡的着装品位。

主流社会的精英应考虑完美级衣橱,如贵族、首脑、高级官员、商界精英以及主流艺术家等,则需要完美级衣橱里的秘籍为他们赢得出席更多经典社交的入场券。包括礼服级外套柴斯特定制,礼服类要考虑晚间和日间对等配置,必要时定制燕尾服和晨礼服。除此之外,礼服类还包括中山装,作为当代中国男士的过渡礼服,同属于完美级绅士衣橱中的经典类别,这主要应对不习惯穿燕尾服和晨礼服的替代礼服。在实践中,外套比礼服的作用范围更广泛,柴斯特外套除了公式化场合以外还可以穿着于正式场合,可见,组成完美级衣橱,作为顶级礼服外套的柴斯特是不可或缺的。在受众人群上它们都同属于精英阶层的专享服饰,但需要注意的是特殊设计和行业需求除外,例如酒店服务生的晨礼服着装等。由此可见,在专为上层社会打造的完美衣橱中总会置有一隅,经典精致的礼服、礼服外套,以备在一年仅有的一两次公式化场合中尽显高雅风韵,即便不用也有备无患。作为准绅士对它们可以不拥有,但不能无知,这是品位生活的真谛,如下图所示。

定制品位生活的经营理念与 THE DRESS CODE(国际着装规则)一并植入企业的高级定制体系,这一实验性质的理论探讨无论是对于我国服装的高级定制还是成衣业都具有积极的意义。这意味着我们首次明确采用了当今国际男装的通用规则和语言,使得我国在争取国际市场的征途中迈出了坚定的一步。高级定制无论对于服装行业还是精英阶层而言都具有时尚的风向标和穿文化的指引性作用,因此,选择在男装高级定制中植入 THE DRESS CODE 是定制的必经之路,是从精英到白领以至上而下的方式在整个服装行业传播。同时,在实践中总结和调整国际着装惯例,逐渐形成适宜于本国国情的服装理论体系,为国内的男装定制品牌走向国际市场,奠定坚实的理论基础,打造成功的定制文化模式。

	西装	礼服	外套
完美衣橱		燕尾服 晨礼服 中山装	柴斯特
中级衣橱	运动西装 休闲西装	董事套装 塔士多	波鲁 达夫尔 洛登
初级衣橱	西服套装	黑色套装	巴尔玛肯 堑壕外套

绅士衣橱的分级方案

附录二

绅士外套定制方案

外套起源于更加纯粹的实用动机,它区别于任何服装所保持的强大生命力,是通过历史千锤百炼打造出的"务实精神"的文化符号。正因如此"是否懂得穿外套"成为判断准绅士的一个可靠指标,成为男士优雅与否的识金石,因为它更多地承载着历史、智慧与文明信息密码,在国际经典社交中作为永恒的经典,被尊重、保护与传承。从19世纪中叶就建立的现代绅士外套格局,甚至到现在都没有根本改变,因此,外套是绅士的最后守望者。

外套按照 THE DRESS CODE(国际着装规则)大致分为三大类,分别为礼服外套、常服外套和休闲外套,每类外套与不同礼仪级别的主服搭配形成不同的匹配度。关于外套的定制总共分为六部分,分别为经典外套的组合范围、着装成功案例、款式指导性方案、面料参考和产品实例,这里将通过目前国际社交和职场最流通的六种经典外套的定制流程一一解读他们的社交密码。

一、礼服外套定制——柴斯特菲尔德外套

柴斯特菲尔德外套为礼仪级别最高的外套,被广泛运用于高等级的公务商务场合,在这些场合中又有风格化的选项,分为标准版、传统版和出行版三种形式。在搭配规则中,礼仪级别越高其形制相对越稳定,可变通性越小。

(一)柴斯特外套定制中的组合范围与着装成功案例

每一类外套都有礼仪上的等级限定,所以相应的也有与其相匹配的主服,外套的主服主要包含礼服和西装两大类,针对不同的外套匹配度将各有不同。在柴斯特外套定制的组合范畴里,因其礼仪等级为外套中最高,所以不适宜与礼仪等级较低的运动西装、休闲西装搭配。在主服的可组合范畴里包含四类礼服级套装,即塔士多礼服、董事套装、黑色套装和西服套装,主服本身的礼仪等级越高和柴斯特外套形成的匹配度就越高。柴斯特外套与塔士多礼服、董事套装搭配形成正式礼服组合;与全天候礼服黑色套装搭配,为准礼服组合;与西服套装组合,匹配度为常服搭配,用于正式的公务、商务。

外套定制组合范围的模板中,还包括主服款式图、效果图、标准色、标准面料和关键词这五种知识点,在定制中提供外套常识和无风险默认外套方案的指引,以达到非专业人士定制外套快捷、直观而可靠的信息量传输(附图2-1)。

在使用场合中,柴斯特外套虽然属于礼服外套,但与礼服相比更加笼统,它是以不变应万变的组合方式与礼服和西装打交道的。其可使用范围囊括了公式化场合、正式场合与非正式场合,当然场合礼仪等级越低与柴斯特的匹配度就越低,在非正式场合中,虽未沦为禁忌,但不建议采用。正式场合较公式化场合的主服更能表达与柴斯特外套的黄金组合,而被广泛使用。

还有一些细节判断对不同场合中所穿着的柴斯特外套进行解读,还可以领悟到穿着者所想要传递的讯息,公文包与旅行箱对应的传统版柴斯特外套和出行版柴斯特外套所传递信息的验证,前者的礼仪等级要高于后者,前者更加考究有历史感(配黑色天鹅绒领的为阿尔伯特风貌),后者作为商务出行外套则搭配的更加实用(附图2-2)。

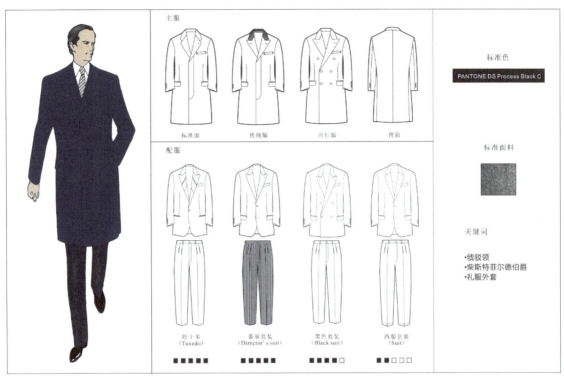

附图 2-1　柴斯特外套组合范围

附图 2-2　柴斯特外套着装成功案例

（二）柴斯特外套定制中的款式指导性方案与面料参考

在外套的定制中，经典的款式是永恒的时尚，对柴斯特外套尤为如此，且礼仪等级越高，其定制中的改变越具有局限性，反之则相对灵活，这既是定制外套的原则又是技巧。就礼服外套柴斯特而言，它虽为最遵守原始形制与中规中矩的外套，但相比礼服而言其灵活性有所增加，可变的部位主体包括门襟、口袋、领型、袖型以及整体轮廓造型等。经典的柴斯特外套门襟包含有暗门襟、单排扣门襟以及双排扣门襟，且礼仪等级依次降低，需要注意的是暗门襟不采用双排扣的形式；口袋形制是双开线有袋盖口袋、斜口袋以及英伦风韵的小钱袋，其中礼仪等级最高的双开线有袋盖口袋是柴斯特外套的最佳款式。斜插袋可以接受但有休闲的提示，更休闲的贴口袋为这种外套的禁忌；领型包括戗驳领、半戗驳领和平驳领，值得注意的是平驳领不与双排扣搭配，双排扣戗驳领配驼色面料暗示着它的出行版，单排扣戗驳领暗门襟则是传统版，单排扣平驳领暗门襟配深灰色面料暗示着它的标准版，它们如果用黑色或深蓝色面料则视为礼服版，三个版本都可配黑色天鹅绒翻领，它有"崇英"的暗示，这需要特别推荐，这体现出对男装历史形制的一贯尊重与传承。袖型礼仪等级从高到低依次为装袖、前装后插、包袖和插肩袖，装袖为柴斯特外套的经典袖型与其整体经典的X造型相呼应，改变后的任一种袖型都有向休闲风格转变的暗示。柴斯特外套几乎是唯一收腰省的X型外套，当然根据个人风格的需求，也可以不收腰省变为休闲外套经典的H造型。除此之外，增添一些局部的设计也会使得外套朝向概念化的风格转向，各个部位的样式都可以根据个人风格的需求进行重组和再设计，满足个性化的定制要求，值得注意的是，在改变中某些有悖男装传统形制和规则的举动都可能会有风险，看来定制柴斯特外套"不变是硬道理"（附图2-3）。

在面料的参考中，根据柴斯特外套典型的三种版式依次选取最为经典的面料与之相匹配，传统版与标准版首选黑色羊绒或礼服呢，出行版首选卡其色羊绒，格纹和人字纹毛纺面料为怀旧的温莎风格，但礼仪等级会略有下降（附图2-4）。

依据THE DRESS CODE（国际着装规则）研发的外套才称得上有资质的"外套定制品牌"，懂得经营定制柴斯特外套的三款经典样式是绝对具有标志意义的，国内这样的定制企业并不多见，成功地导入这种定制文化才是国内定制企业通往国际化定制品牌征程的必经之路，当然发展路径将是如何模仿得更地道以及逐渐跳出模仿阶段，接下来就是国际化定制的本土化问题（附图2-5）。

附图 2-3　柴斯特外套款式指导性方案

附图 2-4　柴斯特外套面料参考

附图 2-5　柴斯特外套品牌定制产品

礼仪等级最高的柴斯特外套与礼服搭配形成冬季礼服的最高形式，广泛运用于公式化和正式的典礼、公务、商务的重要场合。其适宜的人群包括贵族、国家官员、知识精英、企业高管等。柴斯特外套虽属于礼服级外套，但是由于没有时间的限定，比起礼服来兼容性更强，适宜的场合也更多，除了公式化、正式场合外，就风格而言更倾向于传统、严整和正统的风格，与年轻绅士相比，一般情况下更适合内敛、稳重的长者和主流派成功人士。

在国内，如果需要特定外套与礼服搭配，推荐定制柴斯特外套是一种高贵和较大的投资；如果需要跟西服套装搭配，同时需要满足出席礼仪规格较高的场合时，推荐定制柴斯特外套有奢侈感；若出席非正式场合，则不建议推荐定制柴斯特外套，因为这种组合是将一件显隆重的外衣套在了一件寒酸的主服上，最好的办法是定制降一级外套更为匹配，如波鲁外套或巴尔玛肯外套。

二、出行外套定制——波鲁外套

波鲁外套与柴斯特外套中的出行版相比较虽然礼仪等级略有下降，但它仍属于礼服外套，同时它们共有出行外套的特质使得这两种外套在整体形制以及面料选择上并没有明显的区别，在设计上这两种外套的元素交流没有更多的限制，可以根据个人喜好跨类别选用，只是柴斯特外套出行版在面料上多选精纺羊绒，而波鲁外套则多用羊毛粗纺呢。

（一）波鲁外套定制中的组合范围与着装成功案例

柴斯特外套与波鲁外套构成了男装礼服外套经典系列定制产品，只是波鲁外套位于礼服外套的末端，但它的箱式造型，良好功能而独特的标志性元素被受年轻绅士的钟爱，因此其最佳搭配并不适合正式礼服的塔士多和董事套装，而是黑色套装和西服套装，其中黑色套装为黄金组合标注五个填黑方格，西服套装为商务匹配标注为四个填黑方格。具有休闲韵味的运动西装也加入进来，可视为风格化搭配但基本放弃了对礼服的追求，标注两个填黑方格（附图2-6）。

波鲁外套的最佳场合主要分布在正式场合的公务、商务出行，除了正式宴会以外，在正式场合中都标注为五个填黑方格。公式化场合或非正式场合虽然都可以使用波鲁外套，但礼仪匹配度下降不建议使用。由于礼仪等级下降，其搭配的灵活性也相应增强，向上可以形成偏礼服的正式外套，向下可以形成休闲出行的便装方案。如案例参考中，首先便列举了波鲁外套内搭黑色针织衫的休闲化组合方案。针织衫虽是休闲化的搭配服，但是针织衫在造型上极为简洁，颜色上也采用内敛低调的黑色，这使得波鲁外套休闲中却透漏着精致和凝重。当然，除了这款休闲化搭配方案外还提供两款波鲁的标准化搭配案例，它们在形制上虽然区别不大，但在颜色和领型等一些细微的部位，呈现个人习惯或爱好的差异。波鲁的经典颜色虽为驼色，但其同样不拒绝别的色系，特别是来自礼服传统的深色系，且对深色系的选择有礼仪上升的暗示。穿着标准版的波鲁外套、头戴软呢帽、手持公文包、搭配黑色套装或西服套装，可以准确无误的认定这是准绅士出席正式场合活动，其优雅绅士的品质在案例中淋漓尽现（附图2-7）。

附录二　绅士外套定制方案　147

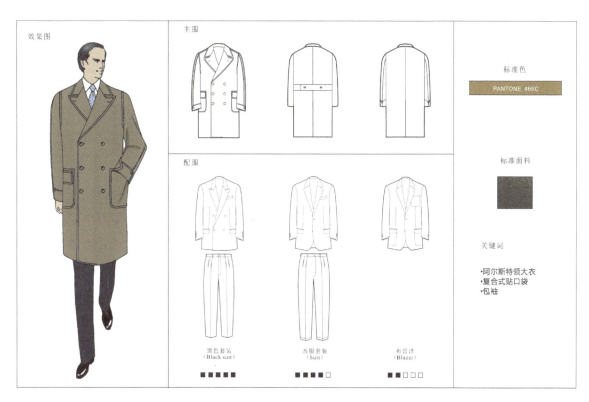

附图 2-6　波鲁外套组合范围

附图 2-7　波鲁外套着装成功案例

（二）波鲁外套定制中的款式指导性方案与面料参考

波鲁的经典驼色和驼绒毛纺面料虽仍广为应用和流行，却也不妨碍其在这日益多元化的时代对更为丰富和个性化元素的接受，在颜色、面料和结构形制中都可以进行丰富的演绎。由于波鲁外套的礼仪等级处于礼服外套柴斯特与常服外套（包括巴尔玛肯外套和堑壕外套）之中，根据礼仪毗邻的元素具有兼容性的设计原理，波鲁外套对于它前后外套的元素都能自由的借鉴和运用。

在主款式变化中，若将波鲁外套的标志性复合式贴口袋转变为柴斯特外套的有袋盖双开线口袋便具有柴斯特风格的暗示；若将门襟变为单排扣、领型变为平驳领便有了标准柴斯特外套的韵味；若将面料变薄，双排扣的扣子去掉且加上腰间束腰带的造型便倾向泰利肯外套的风格。除去上述所提及的领型、门襟和口袋等最常规的变化之外还可包括袖型、袖襻和后腰带的造型设计。波鲁另一伟大成就即是对于包袖的完美诠释，不同于装袖或插肩袖，这是以波鲁原始的厚重驼纺面料所决定的特殊袖型，但同时其他的袖型在波鲁外套上同样适用，只是相应的袖型与相应的面料风格要做恰如其分的匹配设计。总体上外套袖口形制从高到低依次为三粒扣式袖口（柴斯特）、卡夫式袖口（波鲁）、襻式袖口（巴尔玛肯）和带式袖口（堑壕外套），运用哪种袖口形式就会有相对级别的暗示，其中卡夫式袖口造型为波鲁外套的经典标志。以最开始的功用性被保留下来的腰带，作为出行外套的标准配件，现在可以保留也可以省略，且省略后在款式上所呈现的精致简洁比保留时的礼仪等级更高。此外，结构线全部用明线缉缝是波鲁外套的工艺特点（附图2-8）。

在面料的选择中，驼色的羊毛粗纺面料为最佳匹配面料，当然礼仪升级暗示着深色精纺毛料会备受重视，礼仪等级下降休闲化的格子和各式经典纹样的粗纺面料会被广泛采用。这些都在定制产品的实物案例中有多方位的呈现。

礼仪等级较高的波鲁外套以其出行外套的风格化特性，作为正式出行的标准着装被上层绅士广泛穿着。波鲁外套最大的特点是它造型上的独特性，复合式贴口袋、阿尔斯特领和三片结构的包袖，这些专属的造型符号是根据波鲁外套厚重的驼毛粗纺型面料造就了它工艺外化的原创形制，也只有较厚重的毛料才能形成波鲁特定的造型以及保留原有的风格。这也就决定了波鲁外套更多的是作为秋冬绅士外出的防寒型外套，从案例参照中也可以感受出其季节性倾向。

因此，当需要定制礼仪等级较高的冬季保暖性出行外套时，可以首推波鲁外套。并需要着重强调阿尔斯特领和包袖这种区别于其他防寒外套而专属于波鲁的独有造型，因为它们更多承载着绅士的大气、宽厚与稳重的美国绅士血统。

附图 2-8　波鲁外套款式指导性方案

三、全能外套定制——巴尔玛肯外套

巴尔玛肯外套与堑壕外套并称为风雨外套，这是它们成为常服外套的历史原因。然而，巴尔玛肯在现代绅士外套中出镜率最高，用途最广，加上本身的中性化特质，决定了它几乎对任何服装元素都接纳而不排斥，它的包容度很像西服套装，它作为可塑性最强的外套游走于任何可能的职场和社交场合，但这需要先认识它本质的绅士语言。

（一）巴尔玛肯外套定制中的组合范围与着装成功案例

由于巴尔玛肯外套的礼仪等级处于中性，它的最佳主服应该是与它礼仪同级的西服套装。巴尔玛肯休闲化的倾向使得休闲西装（Jacket）也融入了这种外套的组合范围。它与运动西装的搭配相比与波鲁外套的搭配，匹配度更好，说明巴尔玛肯外套的礼仪等级要低于波鲁外套（附图2-9）。

巴尔玛肯外套在礼仪等级最高的公式化场合和礼仪等级最低的休闲场合中都属于不恰当的，其适宜的场合为常规的正式场合和非正式场合，这是两类特别对公务和商务社交涵盖面最广，日常使用率最高的场合，这也再一次验证了巴尔玛肯外套社交应用广泛，自身所具有比其他外套更加优越的素质和拓展空间。

巴尔玛肯外套的万能性则可在案例参考中得到进一步证明，礼仪升级它即可作为国家元首、政要举行正式会晤时的礼服级着装和礼服外套柴斯特平起平坐（附图2-10）。

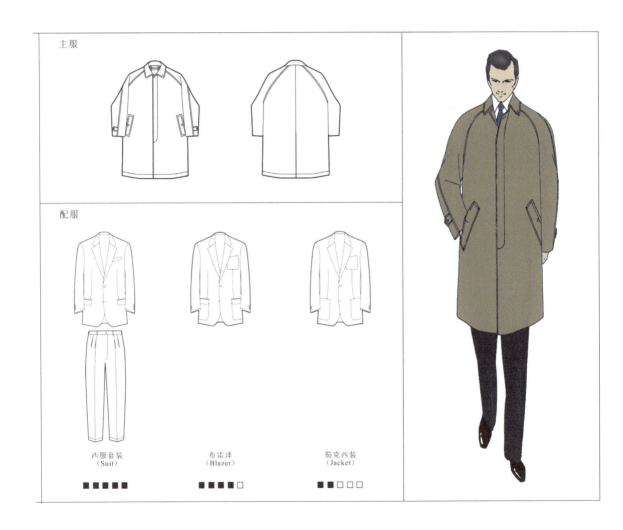

附图2-9　巴尔玛肯外套的组合范围

适合场合：		
公式化场合	婚礼仪式	☐☐☐☐☐
	告别仪式	☐☐☐☐☐
	传统仪式	☐☐☐☐☐
正式场合	正式宴会	■■■☐☐
	日常工作	■■■■■
	国际谈判	■■■■☐
	正式谈判	■■■■☐
	正式会议	■■■■☐
	商务会议	■■■■☐
非正式场合	工作拜访	■■■■☐
	非正式拜访	■■■■☐
	非正式会议	■■■■☐
	商务聚会	■■■■☐
	休闲星期五	■■■■☐
休闲场合	私人拜访	☐☐☐☐☐
	周末休闲度假	☐☐☐☐☐

案例参考：

▲前联合国秘书长安南穿着巴尔玛外套

▲南非世界杯瑞士足球教练希斯菲尔德时尚版的巴尔玛外套　　▲绅士穿着巴尔玛外套

附图 2-10　巴尔玛肯外套着装成功案例

（二）巴尔玛肯外套定制中的款式指导性方案与面料参考

巴尔玛肯外套的中性特质，意味着它对各类外套元素具有更大的兼容性。值得注意的是，由于巴尔玛肯外套的细节都有其历史性和功能信息，特别是经过第一次世界大战和第二次世界大战的锤炼，它的每个元素几乎都成为绅士的标签，巴尔领、暗门襟、插肩袖、领角纽孔、斜插袋封扣、袖襻等都显现着巴尔玛作为风雨外套在功用上的"务实精神"和外观上的极尽简洁，可以说它是现代绅士着装品位的集大成者，因此改变它的每一个细节都意味着风险，同时，预改变绝对是一种智慧和勇气。

巴尔领一直是巴尔玛肯作为风雨外套的标志性特征，在一般情况下不做较大的改变。门襟的形制发展至今除了传统的经典暗门襟外，如果用明门襟，"考究"会大打折扣。作为风雨外衣所特有的防水性能的插肩袖，现在也可以不单单只考虑功效性而根据整体造型、流行等因素设计转变袖型，包括装袖、包袖或前装后插等造型都是被接受的。在袋形的转变上复合式斜插口袋同样可以根据需求转变为更休闲的各式贴口袋或礼服

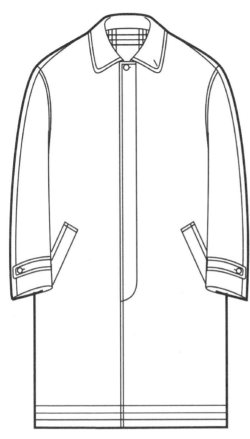

级的带盖双开线口袋。袖襻的造型更为灵活多变，除了标准尖形袖襻还可根据个人需求和时尚对袖襻的造型进行个性化设计。值得注意的是，不论改变还是加入什么元素，这些传承有序从经典而来的元素风险最小，如将巴尔玛肯和洛登外套的元素进行杂糅强调休闲概念，这就是洛登外套特殊的行缝工艺用到巴尔玛肯身上并采用了"前装后插"的袖型，增加外套的休闲概念且经典犹存（附图2-11）。

对于面料的选取，巴尔玛肯可以说是来者不拒，这正体现了它"全能"的特质。从其专门性防风防雨的卡其布（华达呢）、水洗布、防雨布到精纺毛料、粗放呢等毛纺织物，还可以根据个性定制的需求进行全新的概念选择。在颜色上的兼容度同样很高，除了它固有的土黄色外，如果作为正式外套，颜色一般仍在纯度、明度较低

附图2-11　休闲化加入洛登"绗缝"工艺的巴尔玛肯外套

的范畴里选择。选择有纹样的面料意味着走的是休闲路线，选择较细的格纹、人字纹等内敛的纹理面料也为万能的巴尔玛肯所接纳。

巴尔玛肯作为外套里的常服经典，是绅士外套定制里的入门级产品亦是绅士衣橱中不可或缺的。当首次定制外套，且没有具体的礼仪等级或场合特别需求时，巴尔玛肯可以作为外套里风格最为中庸、具备基本绅士品质、场合兼容性最强的外套。因为这种外套不受场合、年龄、职业的限制，同时造型简洁大方、方便实用、易打理而备受现代绅士的推崇，特别适合公务、商务和校园的环境。

另外，在附加部件中，巴尔玛肯独特的可拆卸内胆设计，使巴尔玛肯能适合于更多的季节，冬季可装内胆，夏季可作雨衣，春秋季可作风衣。其简洁至极的外部造型与内秀的完美功能设计，述说着绅士们看似质朴的着装里充满生动而丰盈的故事，宣示着绅士们低调而精致的生活方式。

四、优雅风衣定制——堑壕外套

一般而言礼仪等级越高的服装,在形制结构上就越纯粹和简洁,但是堑壕外套配件众多,结构繁复却能与礼服外套柴斯特平起平坐。

(一)堑壕外套定制中的组合范围与着装成功案例

堑壕外套在社交界视为休闲版的常服外套,它与巴尔玛肯外套在社交界誉为绅士外套的双子星,且属于同一等级但活力四射的那一种。因此,它们在组合范围里的配服种类和每个种类的匹配等级都相同,只是风格上堑壕外套更为个性化、年轻化、休闲化(附图2-12)。

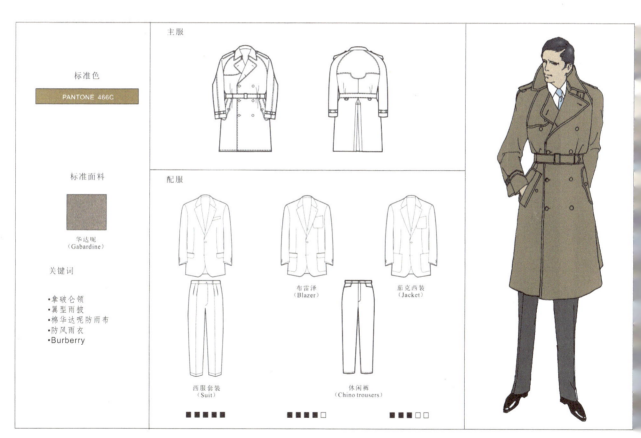

附图2-12 堑壕外套组合范围

堑壕外套适宜的场合跟巴尔玛肯相同,但就个体而言它比巴尔玛肯有更多的"进攻性",因此它更适宜从正式场合转移到非正式场合,不过在现代社交中十分微妙,完全打乱的情况并不常见,综合分析周围的一切因素又在情理之中(附图2-13)。

附图2-13 堑壕外套着装成功案例

(二)堑壕外套定制中的款式指导性方案与面料参考

在款式指导性方案中,堑壕外套与巴尔玛外套两者之间的元素可以互通无忌,并且可以根据个人的喜好对其繁多的配件进行灵活选取,按照当季时尚造型的流行进行相应的调整,就堑壕外套而言,款式的改变要减法大于加法是明智的。例如,在右肩挡雨布的设计中,曲线弧度、整体大小都可以自由决定,甚至可以选择省略。类似的特有部件还包括:颈部防护襻、肩襻、防雨口袋、背部防雨披肩、后中箱式开衩、袖带和腰带,这些部件同右肩挡雨布一样都可以进行适度的再设计或选择性的省略。除了这些小部件外,常规的改变还包括袖型、领型与门襟。堑壕外套标准的袖型同巴尔玛肯一样为风雨外套经典的插肩袖,根据需求与面料特性可以转变为装袖或半插肩袖等；领型除了标志性的拿破仑领还可以与巴尔领互通；门襟标准的双排扣可以去掉扣子，变为暗门襟或者转向巴尔玛肯的单排扣门襟，这都是走的"减法路线"。在对堑壕外套进行所有上述的变化时，风格上都需要遵守经典元素的可互通性。因为越保持原始风格与形制礼仪等级就越高，若跳出这一风格范畴在元素运用上进行彻底的颠覆性设计是危险的，作为绅士外套，即使是休闲外套，"保持和坚守"比"改变与添加"更有魅力（附图2-14）。

面料的选取原则上与巴尔玛肯外套相同，只是需要注意因为堑壕外套繁多的细部设计使得较厚的粗纺毛料变得不太适用，且厚重毛料与因华达呢而生的堑壕外套在质感、风格上相去甚远，所以在选用这类面料的时候要仔细考虑整体着装上的风格倾向，因为面料在整体服装风格中起着至关重要的决定性作用。

附图2-14 堑壕外套主服款式变化

堑壕外套对于适宜场合和人群具有高度的兼容性。但与巴尔玛肯外套内敛中庸的个性相比，经过战争的洗礼后，繁琐部件的完整保留，强调了男人英勇、果敢的独特气质，彰显着拥有者外放的个性特征。如果需要定制适宜场合更广，且兼具更为务实、高效的品质，堑壕外套将是不错的选择。

堑壕外套向我们传递着一种不随波逐流的时尚精神，只有被赋予了人文价值的服饰才能真正地永恒，也只有内涵丰盈的着装才能真正体现绅士专属的高贵品质，因此定制绅士服更是定制一种充满历史与文化的理性、成熟和优雅的生活方式。

五、休闲外套定制——达夫尔和洛登外套

如果说堑壕外套具有常服外套和休闲外套双重性的话，达夫尔外套和洛登外套就是绅士们作为休闲外套的经典。运动在人们的日常生活中扮演着日益重要的角色，相应的休闲着装也会大行其道。休闲外套与休闲西装相比，外套总是更具有历史沉淀感，休闲并不意味着无章可循。运动在以前的欧洲专属于贵族，相应的在每一项运动中也赋予了专属的行头和潜在由功用衍生出的社交规则。我们想要在休闲服中真正的穿出品位与优雅，就不能无视这些规则。

（一）休闲外套定制中的组合范围与着装成功案例

两种经典休闲外套达夫尔外套和洛登外套，它们的组合范围相同，都搭配运动西装和休闲西装，还可以搭配一系列的休闲毛衫、格子衬衫、运动帽饰和休闲鞋等（附图2-15）。相对礼服外套，休闲外套在搭配上更显自由的同时，仍有其本身特质和搭配原则上的坚持。如达夫尔外套和洛登外套在组合方案图中的关键词模块中所提及的诸要素，几乎每一项都是该类着装从诞生之初就定格并延续下来的标志性印记，牛角扣、风帽谓于达夫尔外套；悬浮肩、三道绗缝出自洛登外套，这些都具有高度的识别性。这也就意味着在休闲着装的大环境中，虽然实用性、功效性至上，但在灵活的运用中仍需保留其典型性元素，特别是那些承载历史遗迹的信息，由此这些信息也暗含着某种社交取向，达夫尔外套更倾向于年轻绅士；洛登外套更具老成绅士的品格。

附图 2-15　达夫尔和洛登相同的组合范围

　　在休闲外套的最佳着装场合中，达夫尔外套和洛登外套同样保持着高度的一致性，只适宜于非正式场合和休闲场合（附图 2-16）。

　　洛登与达夫尔外套相比可以说是同一类型中的两种不同风格，达夫尔偏向运动、时尚，而洛登则偏向于古典韵味，甚至比巴尔玛肯外套的适用场合，礼仪等级略高，简洁的外部造型更显休闲风格中的内敛品质。在洛登外套的案例参考中可以体会出它虽为休闲外套，但是，其绅士风度却丝毫没有因此下降，与礼服外套相比只是出席的场合不同而已。案例之一为英国女王的丈夫菲利普亲王病愈出院时穿着标准的洛登外套，颜色、面料和款式都为经典洛登元素，能够从图片中清晰的看到洛登经典的悬浮肩造型和绗缝装饰线。另一个案例为前联合国秘书长安南在纽约中心公园出席娱乐活动时穿着深色系的洛登外套，在其基本要素不变的情况下，颜色向深色系转变有升级的暗示。在搭配中，安南巧妙的用一条红色围巾打破了被深色帽子、眼镜、手套所包围的沉闷，使得整个装束在通过深色系礼仪升级的过程中不失个性与时尚。由此可见，洛登外套在经典社交中以其休闲而内敛的独特气质被绅士所推崇。然而，洛登外套国

非正式场合	工作拜访	■■■□□
	非正式拜访	■■■□□
	非正式会议	■■■□□
	商务聚会	■■□□□
	休闲星期五	■■■■■
休闲场合	私人拜访	■■■■■
	周末休闲度假	■■■■■

附图 2-16　休闲外套的适宜场合

内的认知度相当有限，这就需要在定制过程中输出 THE DRESS CODE 的文化与方式，以提升国内精英的国际着装素养与绅士品质绝对是一门专业和不可或缺的功课（附图 2-17）。

▲ 菲利普亲王生病后康复出院的首天　　▲ 安南在纽约中心公园

附图 2-17　洛登外套的成功案例

(二)休闲外套定制中的款式指导性方案与面料参考

在休闲外套的指导性款式方案中,灵活性、多样性、包容性得到了更进一步的演绎。在面料、颜色和款式上更加不拘一格,凸显个性化设计和时尚感。达夫尔外套能够演变成各种风格来满足拥有者的个性需求,甚至是另类的、时尚的、风格化的等,但是它的人群是年轻化的(附图2-18)。在款式的改变中,除了尽量保留牛角扣这种具有辨识性的必备元素外,款式的变化更加灵活、包容性极强,如衣身的长短、整身结构的分割、口袋、领型、袖型等都可以根据概念的需求进行个性化定制(附图2-19)。洛登外套相对于达夫尔外套而言,休闲中的考究一定是要考虑的,在变化中绗缝装饰和肩部浮肩的特殊造型是其需要尽量保留的辨识性标志。

附图2-18 达夫尔款式指导性方案

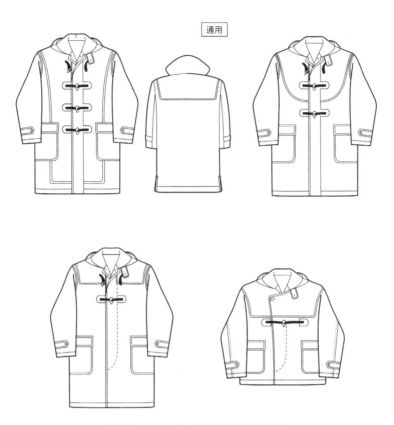

附图 2-19　达夫尔款式指导性方案

在面料的选取中达夫尔和洛登都有其专属的面料。达夫尔外套的面料是一种将麦尔登呢和苏格兰格呢复合的双面呢；洛登外套是由其专属面料洛登呢而命名的，因此它的标准面料即为墨绿色的洛登呢。除此之外，因为羊绒、驼绒和洛登呢的风格很接近，故在波鲁、巴尔玛肯、达夫尔和洛登外套中通用不悖，面料颜色与花式的应用也随着休闲外套的礼仪等级下降变得更为广泛，且不受束缚。

休闲外套对于上层社会而言，并不意味着形式上无规律的随性，运动作为以前贵族阶层专享的休闲生活方式，其相应的着装也透露着功能倾向的考究。达夫尔与洛登虽都属于冬季的休闲防寒型外套，但其本身的风格差异使得针对的需求人群有略微的差异。达夫尔更强调一种运动休闲，特别是在年轻的知识界有越穿越盛的趋势。若定制的对象较年轻，且有休闲场合的考虑，将冬季休闲品格完美诠释的达夫尔外套则是不错的选择。对于洛登外套而言，若一个绅士穿着洛登外套出席于休闲场合，那么他的着装品位将卓越而不凡。因为洛登来源于贵族运动中的狩猎服，很大程度上已对其尊贵身份定格在拥有者的身上，使得在休闲装束里呈现考究的着装风范。因此，定制洛登外套意味着注入了高贵的血统，即便是休闲外套也是如此。

附录三

外套定制方案与流程

1. 定制品的组合范围
2. 着装成功案例
3. 定制品款式指导性方案
4. 定制品面料参考
5. 定制品牌产品

分类	名称	英文
礼服外套	柴斯特外套	chesterfield
	波鲁外套	polo
常服外套	巴尔玛肯外套	balmacan
	堑壕外套	trench coat
休闲外套	洛登外套	loden coat
	达夫尔外套	duffel coat

附录三 外套定制方案与流程

一、柴斯特外套定制方案与流程

（一）柴斯特外套组合范围

（二）柴斯特外套着装成功案例

适合场合：

公式化场合	婚礼仪式	■■■■
	告别仪式	■■■■
	传统仪式	■■■■
正式场合	正式宴会	■■■□
	日常工作	■■■□
	国际谈判	■■■□
	正式谈判	■■■□
	正式会议	■■■□
	商务会议	■■■□
非正式场合	工作拜访	■■□□
	非正式拜访	■■□□
	非正式会议	■■□□
	商务聚会	■■□□
	休闲星期五	■■□□
休闲场合	私人拜访	□□□□
	周末休闲度假	□□□□

案例参考：

▲出行版柴斯特穿着于商务出行

▲传统版柴斯特外套在日间商务场合

附录三 外套定制方案与流程

(三) 柴斯特外套款式指导性方案

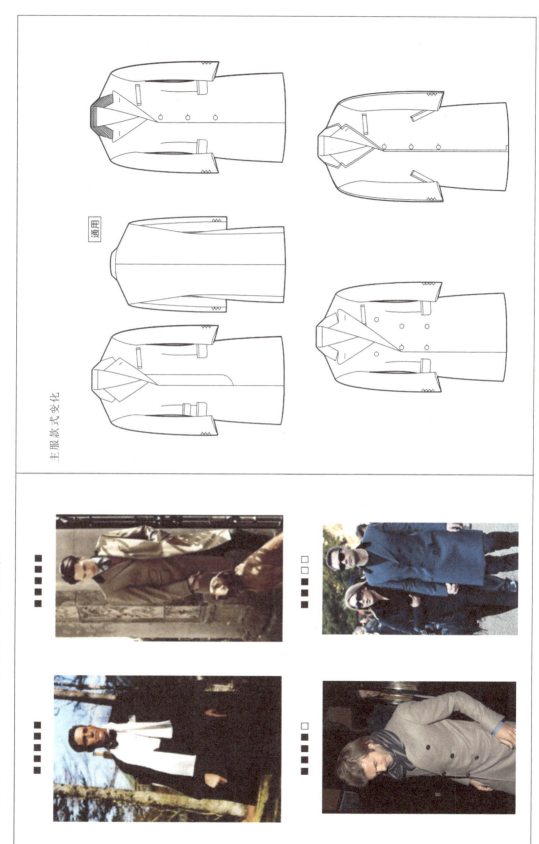

(四) 柴斯特外套面料参考

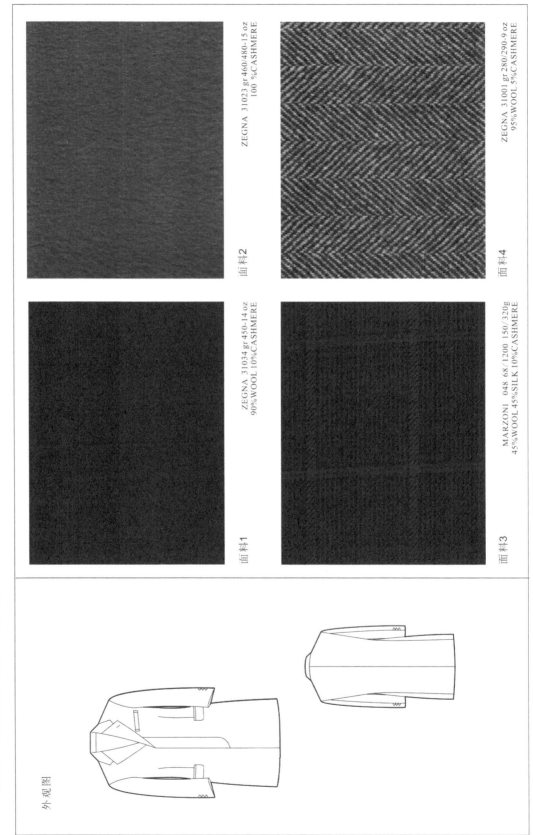

面料1　ZEGNA 31034 gr 450-14 oz 90%WOOL 10%CASHMERE

面料2　ZEGNA 31023 gr 460/480-15 oz 100%CASHMERE

面料3　MARZONI 048 68/1200 150/320g 45%WOOL 45%SILK 10%CASHMERE

面料4　ZEGNA 31001 gr 280/290-9 oz 95%WOOL 5%CASHMERE

外观图

(五)柴斯特外套定制产品

▲出行版

▲传统版

▲标准版

（六）柴斯特外套定制品牌 A

Brooks Brothers: *1、2、3*
***MARZONI:** 4*

（七）柴斯特外套定制品牌 B

Brooks Brothers：*1、2*

Brooks Brothers：*3、4*

二、波鲁外套定制方案与流程

（一）波鲁外套组合范围

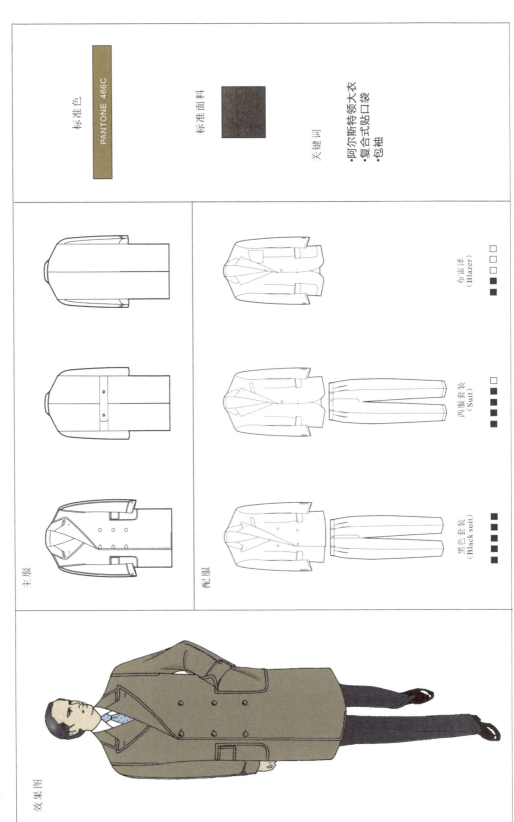

附录三　外套定制方案与流程

（二）波鲁外套着装成功案例

适合场合		
公式化场合	婚礼仪式	■■■□
	告别仪式	■■■□
	传统仪式	■■□□
正式场合	正式宴会	■■□□
	日常工作	■■□□
	国际谈判	■■□□
	正式谈判	■■□□
	正式会议	■■□□
	商务会议	■■□□
非正式场合	工作拜访	■■□□
	非正式拜访	■■□□
	非正式会议	■■□□
	商务聚会	■■□□
	休闲星期五	■□□□
休闲场合	私人拜访	□□□□
	周末休闲度假	□□□□

案例参考：

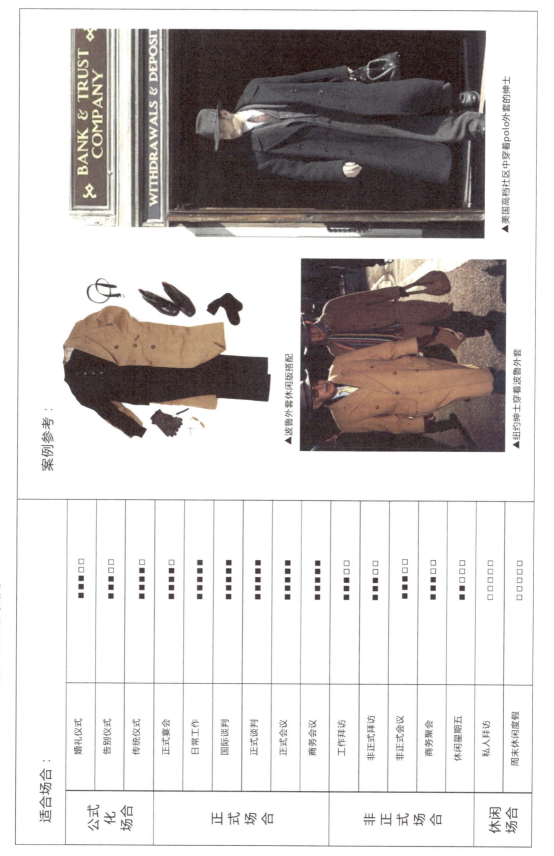

▲美国高档社区中穿着polo外套的绅士
▲波鲁外套休闲版搭配
▲纽约绅士穿着波鲁外套

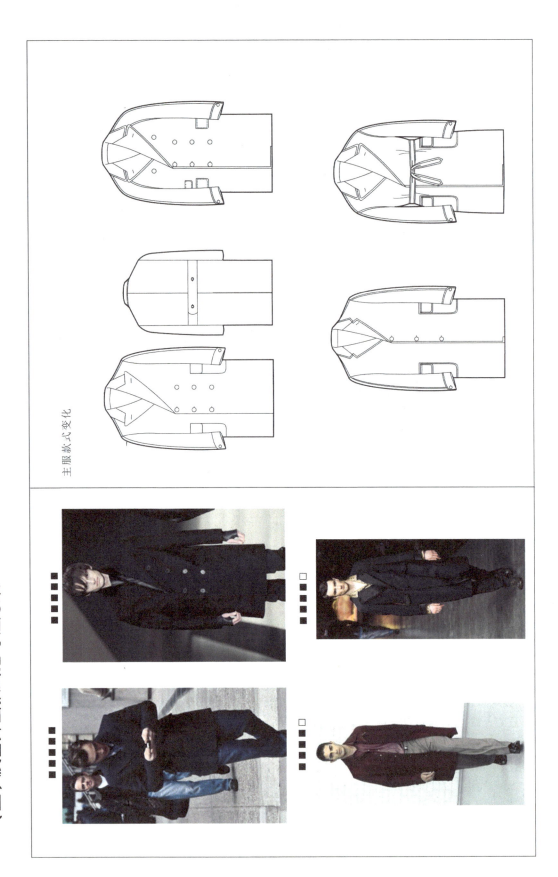

(三)波鲁外套款式指导性方案

主服款式变化

附录三 外套定制方案与流程

（四）波鲁外套面料参考

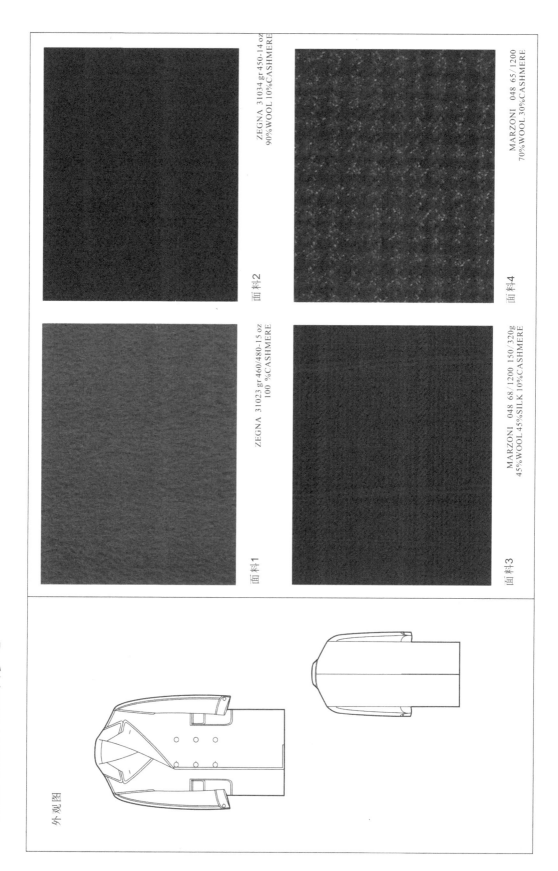

面料1: ZEGNA 31023 gr 460/480-15 oz 100%CASHMERE

面料2: ZEGNA 31034 gr 450-14 oz 90%WOOL 10%CASHMERE

面料3: MARZONI 048 68/1200 150/320g 45%WOOL 45%SILK 10%CASHMERE

面料4: MARZONI 048 65/1200 70%WOOL 30%CASHMERE

外观图

(五)波鲁外套定制产品

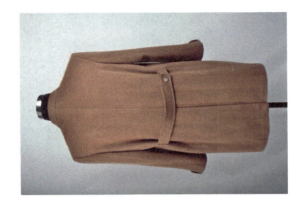

附录三 外套定制方案与流程

（六）波鲁外套定制品牌 A

Brooks Brothers: *1、2、3*

（七）波鲁外套定制品牌 B

Biagiotti Uomo: *1*
Lardini: *2*
Luciano Barbera: *3*

3

2

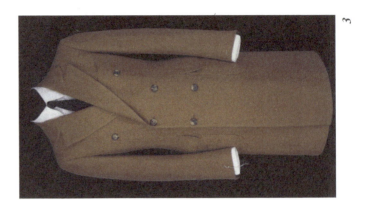

1

三、巴尔玛肯外套定制方案与流程

（一）巴尔玛肯外套组合范围

（二）巴尔玛肯外套着装成功案例

适合场合：

公式化场合	婚礼仪式	□□□□□		
	告别仪式	□□□□□		
	传统仪式	□□□□□		
正式场合	正式宴会	■■■■■		
	日常工作	■■■■■		
	国际谈判	■■■■■		
	正式谈判	■■■■■		
	正式会议	■■■■■		
	商务会议	■■■■■		
非正式场合	工作拜访	■■■■■		
	非正式拜访	■■■■■		
	非正式会议	■■■■■		
	商务聚会	■■■■■		
	休闲星期五	■■■■■		
休闲场合	私人拜访	□□□□□		
	周末休闲度假	□□□□□		

案例参考：

▲前联合国秘书长安南穿着巴尔玛肯外套

▲绅士穿着巴尔玛肯外套

▲南非世界杯瑞士足球教练希斯菲尔德版的巴尔玛肯外套

附录三 外套定制方案与流程

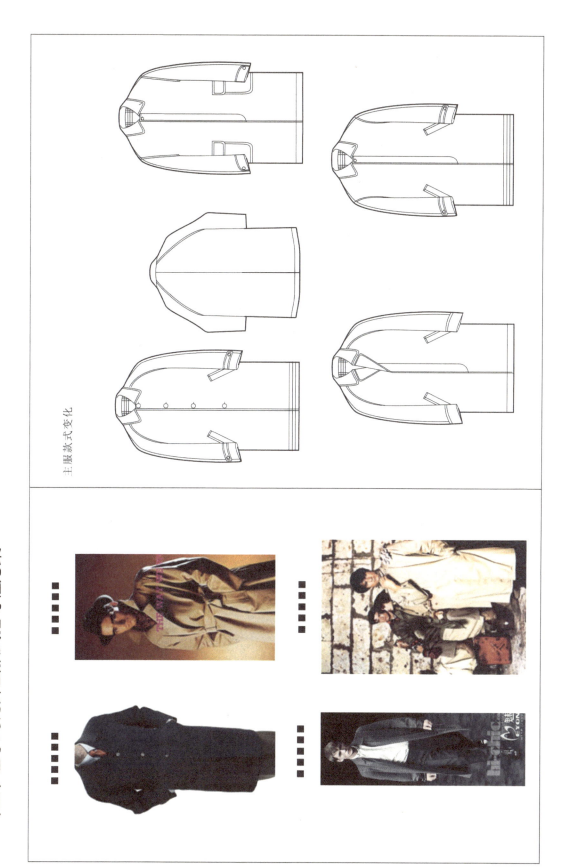

（三）巴尔玛肯外套款式指导性方案

主服款式变化

（四）巴尔玛肯面料参考

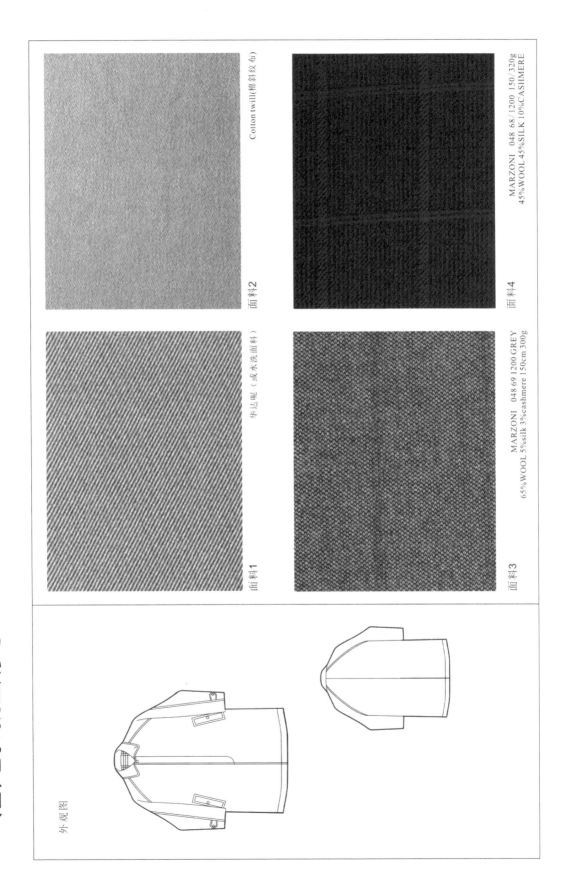

面料1 华达呢（或水洗面料）
面料2 Cotton twill（棉斜纹布）
面料3 MARZONI 048 69 1200 GREY 65%WOOL 5%silk 3%ccashmere 150cm 300g
面料4 MARZONI 048 68/1200 150/320g 45%WOOL 45%SILK 10%CASIMERE

外观图

附录三　外套定制方案与流程

（五）巴尔玛肯外套定制产品

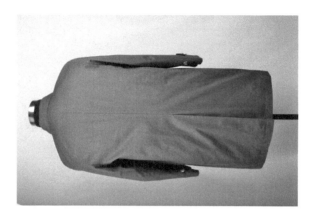

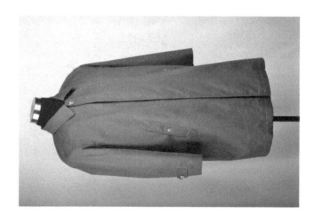

（六）巴尔玛肯外套定制品牌 A

Brooks Brothers: *1、3*
Ermenegildo Zegna: *2*

（七）巴尔玛肯外套定制品牌 B

Angelo Nardelli: *1*
Jean Anton: *2*
Prada: *3*

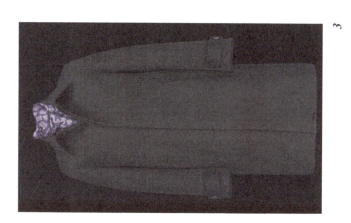

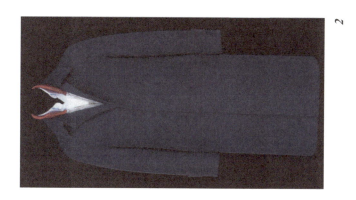

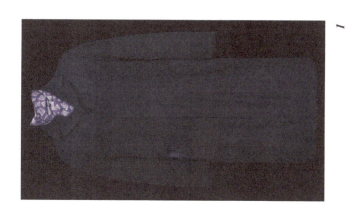

四、堑壕外套定制方案与流程

（一）堑壕外套组合范围

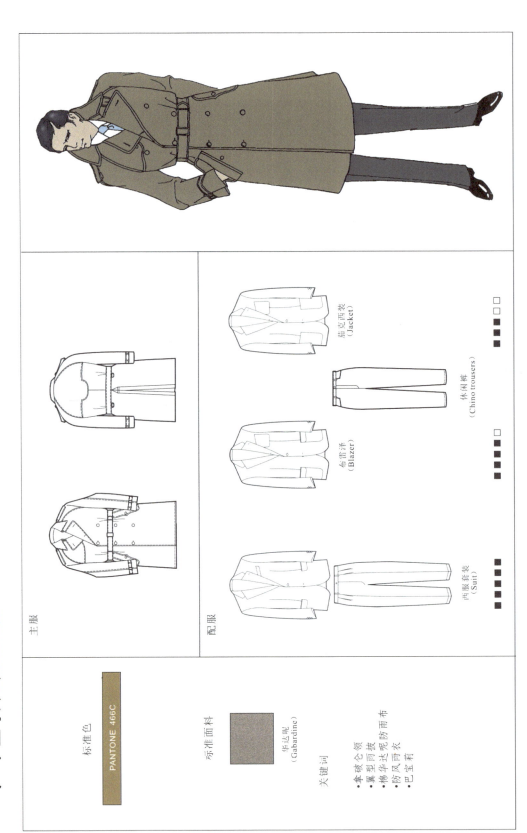

主服

配服

茄克丙装（Jacket）

休闲裤（Chino trousers）

布雷泽（Blazer）

西服套装（Suit）

标准色
PANTONE 466C

标准面料
华达呢（Gabardine）

关键词
- 拿破仑领
- 翼型同披
- 棉华达呢防雨布
- 巴宝莉

附录三　外套定制方案与流程

（二）堑壕外套着装成功案例

适合场合：

	适合场合	
公式化场合	婚礼仪式	☐☐☐☐☐
	告别仪式	☐☐☐☐☐
	传统仪式	☐☐☐☐☐
正式场合	正式宴会	☐☐☐☐☐
	日常工作	■■■■■
	国际谈判	■■■■■
	正式谈判	■■■■■
	正式会议	■■■■■
	商务会议	■■■■■
非正式场合	工作拜访	■■■■■
	非正式拜访	■■■■■
	非正式会议	■■■■■
	商务聚会	■■■■■
	休闲星期五	■■■■■
休闲场合	私人拜访	☐☐☐☐☐
	周末休闲度假	☐☐☐☐☐

案例参考：

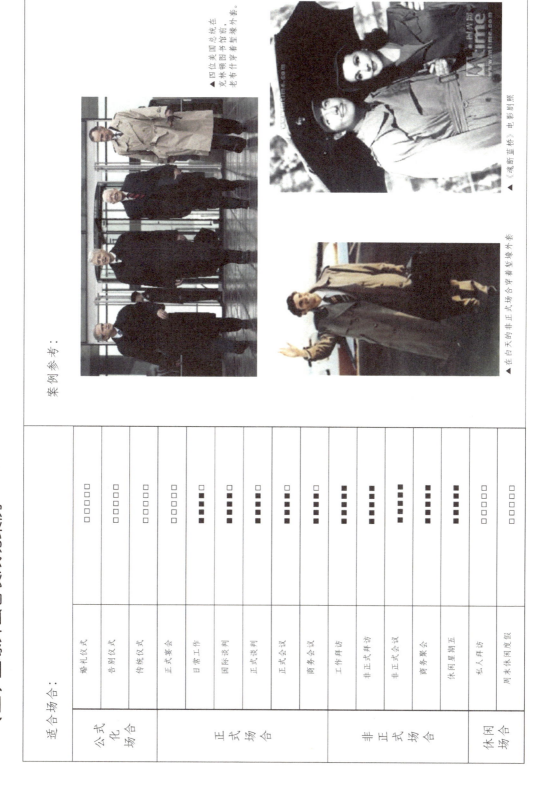

▲四位美国总统在克林顿图书馆前，老布什穿着堑壕外套。

▲《魂断蓝桥》电影剧照

▲在白天的非正式场合穿着堑壕外套

主服款式变化

(三) 堑壕外套款式指导性方案

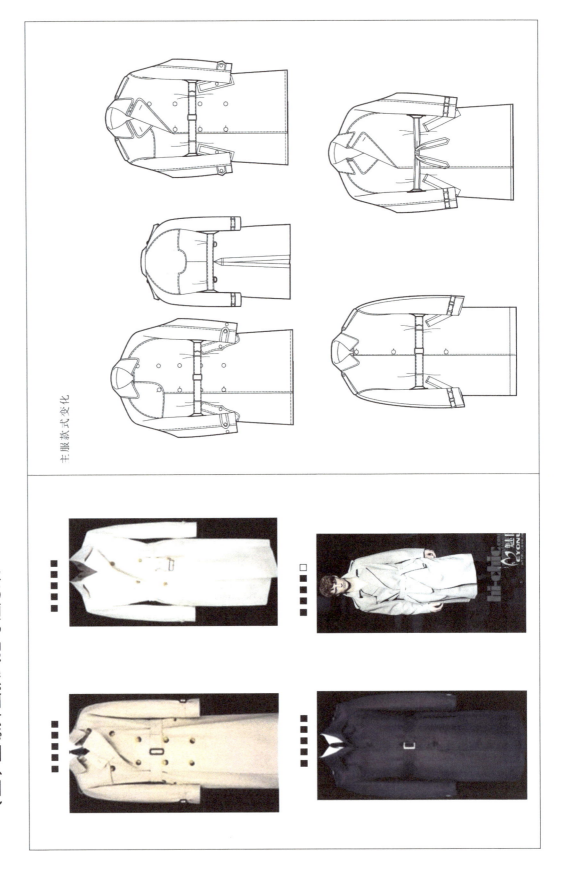

（四）堑壕外套面料参考

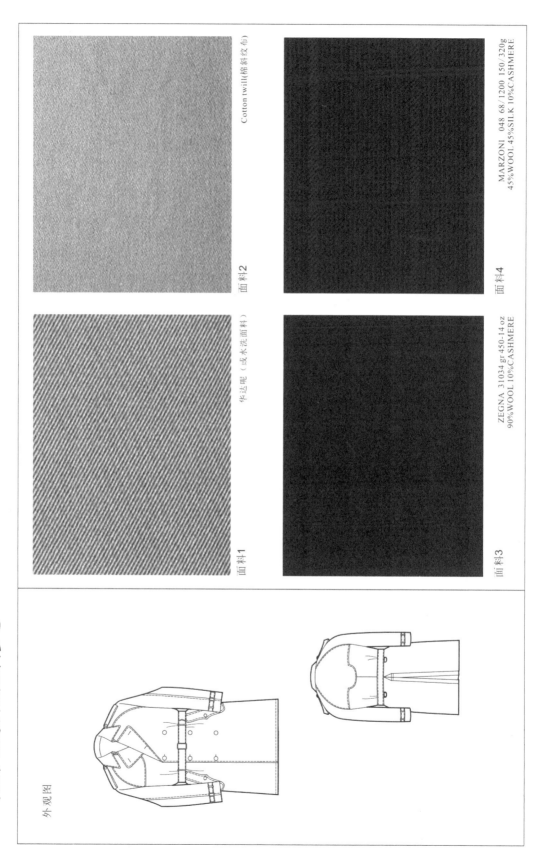

（五）堑壕外套定制产品

（六）堑壕外套定制品牌

Burberry London: *1*
Brooks Brothers: *2*
Allegri: *3*

附录三　外套定制方案与流程

五、洛登外套定制方案与流程

（一）洛登外套组合范围

效果图

主服

配服

- 花式衬衫（Patterned shirt）
- 卡洛冈式毛衫（Cardigan）
- 便鞋（Loafers）
- 工装靴（Working boots）
- 茄克西装（Jacket）
- 值班风帽（Watch cap）
- 运动鞋（Sports shoes）
- 布雷泽（Blazer）

标准色
PANTONE 5743M

标准面料
麦尔登呢 苏格兰呢
（Melton & Scoth tweed）

关键词
·折巴尔玛领
·肩悬浮肩
·明门襟皮质纽扣
·三道车缝装饰缝

（二）洛登外套着装成功案例

适合场合：		
公式化场合	婚礼仪式	□□□□□
	告别仪式	□□□□□
	传统仪式	□□□□□
正式场合	正式宴会	□□□□□
	日常工作	□□□□□
	国际谈判	□□□□□
	正式谈判	□□□□□
	正式会议	□□□□□
	商务会议	□□□□□
非正式场合	工作拜访	■■■■■
	非正式拜访	■■■■■
	非正式会议	■■■■■
	商务聚会	■■■■■
休闲场合	休闲星期五	■■■■■
	私人拜访	■■■■■
	周末休闲度假	■■■■■

案例参考：

▲ 菲利普亲王生病后康复出院的首天

▲ 安南在纽约的中心公园

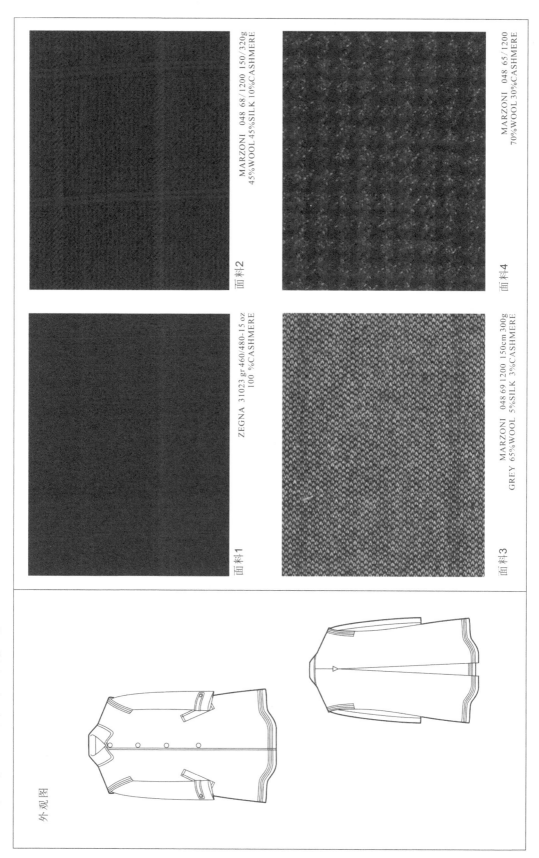

(四)洛登外套定制产品

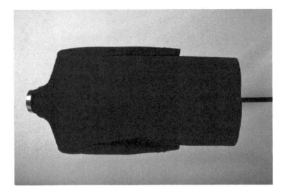

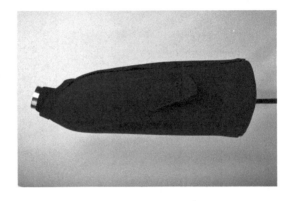

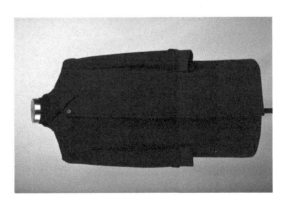

(五) 洛登外套定制品牌

Schneiders: *1*
steinbock: *2*
Angelo Nardelli: *3*

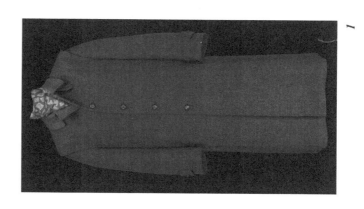

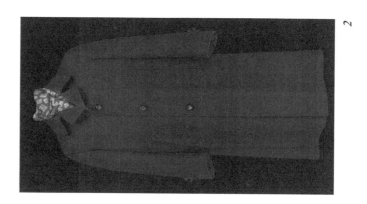

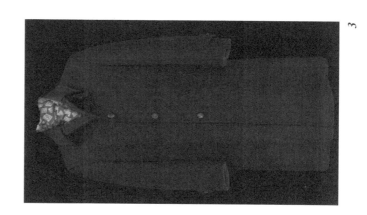

六、达夫尔外套定制方案与流程

（一）达夫尔外套组合范围

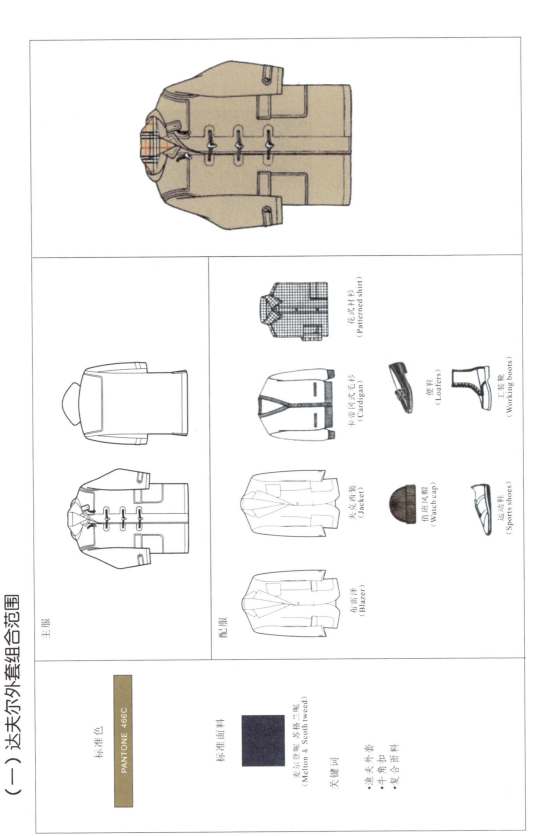

（二）达夫尔外套着装成功案例

案例参考：

▲ 达夫尔外套风靡美国常春藤名校

▲ 电影剧照

▲ 英国前首相布莱尔夫人切丽·布莱尔穿着达夫尔外套

适合场合：

适合场合		
公式化场合	婚礼仪式	□□□□□
	告别仪式	□□□□□
	传统仪式	□□□□□
正式场合	正式宴会	□□□□□
	日常工作	□□□□□
	国际谈判	□□□□□
	正式谈判	□□□□□
	正式会议	□□□□□
	商务会议	□□□□□
非正式场合	工作拜访	■□□□□
	非正式拜访	■□□□□
	非正式会议	■□□□□
	商务聚会	■■□□□
休闲场合	休闲星期五	■■■□□
	私人拜访	■■■□□
	周末休闲度假	■■■□□

196 优雅绅士Ⅲ 外套

主服款式变化

通用

（三）达夫尔外套

（四）达夫尔外套面料参考

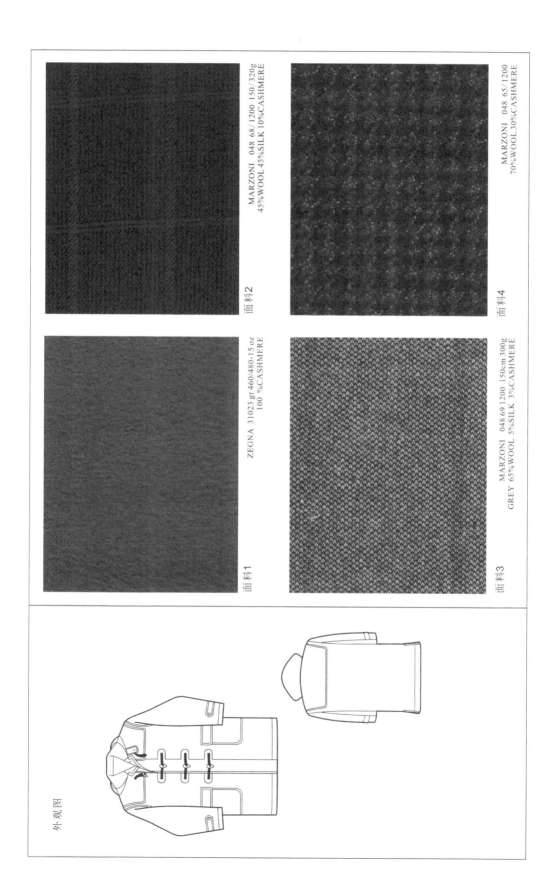

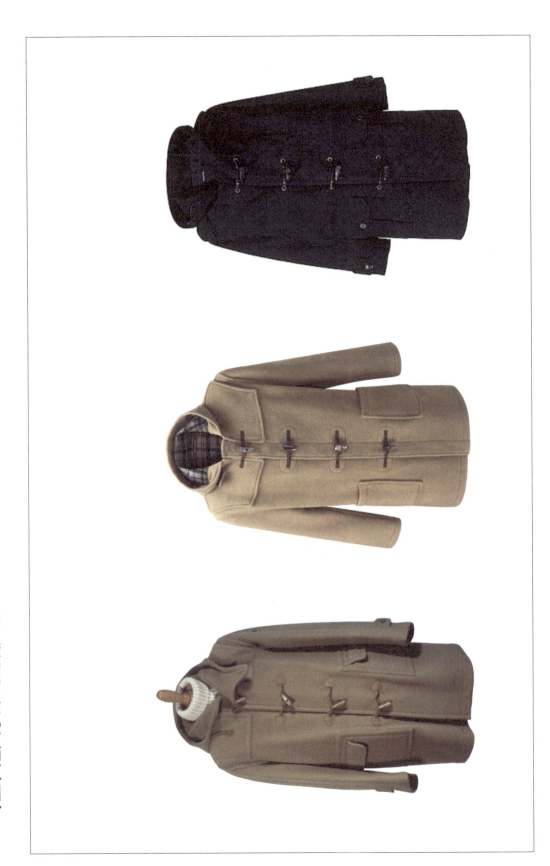

(五)达夫尔外套定制产品

（六）达夫尔外套定制品牌 A

Brooks Brothers: *1、2*
Barbour: *3*

（七）达夫尔外套定制品牌 B

Mabro: *1*
Herno: *2*

United colors of Benetton: *3*
Polo Ralph Lauren: *4*

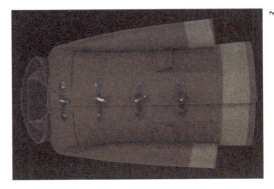

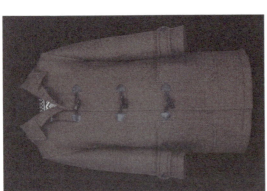

后记

《优雅绅士》六卷本中，以"外套"独立成书出版对我们来讲是个挑战。首先，在以欧洲为主流的发达国家，甚至是绅士文化发源地的英国，在基于THE DRESS CODE(绅士着装规则)文献中，以"外套"单独成书出版的情况也不多见。日本是例外的，我认真地研究过这个问题，总结出"叉子和筷子效应"的研究方法：发端于欧洲食文化的叉子，其使用方法是与生俱来渗透在他们的血液之中的，至于如何使用叉子的专著一定出自非发源地的作家之手，比如日本人，且受众也一定是非发源地的人群。而发源于东方饮食文明的筷子，如何使用的知识无论如何也不是从教科书中得到的，而对于欧洲人就不同了，因此写如何使用筷子的专著一定出自于西方人之手，如英国人。这实在是个"距离产生美"的哲学命题。按照这样的逻辑，我们就不难理解"绅士着装规则"为什么走了一条发端英国，发迹美国，系统化于日本的绅士文化传播路线图了。如果将"叉子和筷子效应"用学术的观点去解释，就是"绅士着装规则"创建于英国，实践于美国，理论化于日本，这也是在日本学术界对THE DRESS CODE的研究比欧美学术界更系统的原因。发端于欧洲的外套，应验了达尔文的"特异性选择"理论，即环境决定形制。英国人使外套成为绅士文化的核心部分是顺利成章的，因此它不会出现在中国，也不会出现在日本。外套作为单独的文献出版，日本比欧洲更系统且实用，便成为最合适的理由，这就是我们可以在日本见到有关外套的系统文献。我们和日本相同的是同属于东方文化圈，不同的是我们是发展中国家，需要学习西方的先进文化，同时需要借鉴日本对西方文明的"系统研究"的方法和经验。

当"外套"独立成书出版时，如何将欧美零散文献翻译、整理、消化和本土化必须面对的问题。这中间不仅仅是工作量的投入，更重要的是专业知识的不足，尽管日本的经验可以借鉴，但我们必须从源头的信息做引入性研究，以减少在引进中水土不服的因素。即便借鉴日本的经验也要考虑国情，比如日本社会从明治维新开始就从幕府中脱胎出一个强大的主导整个社会的贵族阶层，伴随着日本全民高等教育的普及，从贵族阶层衍生出来的绅士文化可以得到普遍接受和迅速推广。我国的情况不同，绅士文化没有广泛普及；第二，现阶段的价值取向是倡导绅士文化但不追求贵族生活，这是国情所决定的；第三，国人对绅士文化和精神的追求持续发展。外套作为绅士的最后守望者，学术界也好，社交界也好，在研究成果和成书方面甚至比日本还要做得初级、系统和实用。依据这样一个背景和现状，我们在外套的专业化文献引进上早在几年前就投入了大量的人力，并且组成 THE DRESS CODE 文献研究团队，申请学术研究专项得到了北京市级哲学社科项目的资助，结合研究生培养将外套文献研究和相关的企业文化建设，纳入研究生学位论文研究课题中，使外套可以单独成书出版，这将大大提升企业外套单项产品的文化价值和专业水平。在这个过程中，要特别感谢，从 THE DRESS CODE 文献翻译、整理到外套文献的系统研究给予无私奉献的学术团队成员：王永刚、陈果、张婵、胡长鹏、周长华、马立金、薛艳慧、李静、尹芳丽、赵立、于汶可、朱博伟等。同时对将本书编辑出版的化学工业出版社及编辑辛勤的劳动和指导一并表示感谢。

刘瑞璞
2015年12月
于北京服装学院